皂河站

大型立式混流泵机组大修

江苏省水利建设工程有限公司　编著

河海大学出版社
HOHAI UNIVERSITY PRESS
·南京·

图书在版编目(CIP)数据

皂河站大型立式混流泵机组大修 / 江苏省水利建设工程有限公司编著. -- 南京 ：河海大学出版社，2025.4

ISBN 978-7-5630-8894-2

Ⅰ. ①皂… Ⅱ. ①江… Ⅲ. ①泵站—立式泵—混流泵—机组—维修 Ⅳ. ①TV675

中国国家版本馆 CIP 数据核字(2024)第 050554 号

书　　名　皂河站大型立式混流泵机组大修
书　　号　ISBN 978-7-5630-8894-2
责任编辑　金　怡
特约校对　张美勤
封面设计　张育智　周彦余
出版发行　河海大学出版社
地　　址　南京市西康路 1 号(邮编:210098)
电　　话　(025)83737852(总编室)　(025)83722833(营销部)
经　　销　江苏省新华发行集团有限公司
排　　版　南京布克文化发展有限公司
印　　刷　广东虎彩云印刷有限公司
开　　本　718 毫米×1000 毫米　1/16
印　　张　17.25
字　　数　322 千字
版　　次　2025 年 4 月第 1 版
印　　次　2025 年 4 月第 1 次印刷
定　　价　99.00 元

编委会

主　　审：周元斌

主　　编：戴宜高　潘卫锋　吴金甫　韩英才　刘　斌

副 主 审：王　翔　黄　毅　王　岩　吉庆伟　张前进

副 主 编：力　刚　魏　伟　卓　南　朱振昊　张玉全

编写人员：徐川江　王浩男　仲　倩　徐立建　张小童

朱端来　冯　杰　张　占　乔建成　罗芳贵

刘　莲　季炜理　张建成　苗　旭　孙　宇

蔡瑞民　盛　旺　张　星　徐书洋　伏　杰

何世明　刘玉龙　叶文丽　朱延涛　张　璇

钱　杭　吕鸿燕

序言 Preface

皂河站是江苏江水北调、国家南水北调东线第六梯级泵站，始建于1978年，1987年3月通水验收，由中国工程院院士周君亮设计，隶属于江苏省骆运水利工程管理处。

皂河站共安装2台套立式混流泵，采用钟型平面蜗壳进水流道，双螺旋型蜗壳压水室，平直出水流道，液压快速闸门断流，单机流量100 m^3/s，叶轮直径5.7 m，配套7 000 kW同步电动机。

当今皂河站的水泵仍然是亚洲乃至世界单机流量最大的混流泵，号称“亚洲第一泵”。

皂河站主机组部件体积大、结构复杂，维修工艺、检修流程、技术标准要求高，几乎涵盖大型泵站机组检修所有技术，具有非常典型的代表性。江苏省骆运水利工程管理处结合机组运行、维修改造、机组大修、技术更新等，会同江苏省水利建设工程有限公司编写了《皂河站大型立式混流泵机组大修》一书，全书共7个章节，比较全面地反映了皂河站机组大修全过程，以供皂河站运行检修人员使用，也可为其他大型泵站运行、管理、检修等提供借鉴。

限于编者的水平，书中难免存在错误疏漏之处，敬请行业学者、专家批评指正。

江苏省水利建设工程有限公司

江苏省骆运水利工程管理处

本书编写组

2024年12月14日

目录 Contents

第一章　概述

1.1　皂河站工程概况

江苏省皂河抽水站(以下简称皂河站)位于江苏省宿迁市皂河镇北 5 km 的中运河与邳洪河夹滩上,东临中运河、骆马湖,西接邳洪河、黄墩湖。皂河站是江水北调第六梯级泵站,也是我国南水北调东线工程的第六梯级泵站之一,于 1978 年 11 月土建开工,1987 年投入运行,工程总投资 3 400 万元。皂河站自投运以来,为保障徐州、宿迁地区抗旱、排涝、灌溉、航运、生态和国家南水北调发挥了重大作用,有力地促进了区域经济社会发展,取得了巨大的经济效益和社会效益。

图 1.1　皂河站全景

皂河站安装2台6HL－70型立式全调节混流泵，主泵叶轮直径5 700 mm，单机流量为100 m^3/s，转速75 r/min，是亚洲单机流量最大的混流泵，被称为“亚洲第一泵”，配用TL7000－80/7400型立式同步电机，额定电压10 kV，额定容量7 000 kW，总装机容量14 000 kW。皂河站的特点除了“大”，还有另一个特点是“全”，它是油、气、水等辅机系统配备最全的泵站，堪称泵站工程活教材。其采用的“钟型平面蜗壳进水流道”“双螺旋型蜗壳压水室”“液压快速闸门断流装置”等设计方案是全国首创。电机采用半伞式结构，全电压异步直接启动；上导轴承放置在上机架上，单独设一个容量为0.75 m^3 的上油槽，下导轴承和推力轴承置于下油槽内，下油槽容量为7 m^3，下机架设置有8个承重支座；电机采用8只空气冷却器闭路循环冷却；推力轴承设有液压减载装置。通过精心设计，大口径混流泵系列难题成功解决，皂河站获得了“国家优秀设计金奖”。

图1.2 “亚洲第一泵”

泵站的主要功能包括：一是江水北调，通过中运河线向骆马湖调水，调水量可达175 m^3/s；二是南水北调，通过中运河，与运河西线第六梯级的邳州站协同工作，向骆马湖调水，调水量可达275 m^3/s；三是承担黄墩湖滞洪地区约34.5万亩①区域的排涝任务；四是承担黄墩湖滞洪区滞洪后退洪任务；五是保

① 1亩≈666.67 m^2。

障骆马湖以上段中运河通航水位，改善通航条件；六是生态补水，在干旱期间，向南四湖、骆马湖进行生态补水。

泵站历次大修情况如下。

1991 年 1 号机组大修：由于叶片调节系统存在油缸泄漏量大、调节振动、灵敏性差等问题，1 号机组在运行 6 700 小时后出现了叶片角度调节困难和油缸泄漏增加的情况。经省水利厅批准，1 号机组被列入基建大修项目，工程总经费 167 万元，进行机组大修并重新制造、更换转叶油缸及维修改造相关辅机设备等。

2010—2012 年更新改造：皂河站在 2010 年进行了更新改造，2012 年 5 月完成。工程改造主要内容包括新建下游引水闸及穿邳洪河地涵、对 2 台套主机组进行改造、更换所有高低压设备及新建室内变电所（与皂河二站共用），批复概算经费 1.22 亿元。

2022 年 2 号机组大修：因 2 号机组存在主水泵受油器漏油、转叶式油缸密封损坏等问题，组织开展机组大修，批复经费 360 万元。

1.2　主机组

皂河站采用钟型进水流道、双螺旋蜗壳式压水室、平直出水管、快速闸门断流，水泵与电机直接连接。选用由上海水泵厂制造的立式全调节导叶式混流泵，型号为 6HL－70，叶轮直径 5 700 mm。主水泵采用转叶式油缸叶片调节机构、半浸油式机械密封轴承，机组工作密封采用动静环式结构，检修密封采用空气围带式结构。主电机选用由上海电机厂制造的三相立式同步电机，型号为 TL7000－80/7400，额定功率 7 000 kW，额定电压 10 kV，额定转速 75 r/min。

表 1.1　主机泵部件质量表

主水泵					
项	部件名称	质量(t)	项	部件名称	质量(t)
一	泵体部件质量	约 165	二	转子部件质量	约 120
1	固定导叶	62	1	叶轮体	42
2	叶轮室	32	2	4 只叶片	32
3	导流锥	1	3	叶轮体下盖	1.5
4	支持盖	19	4	油缸体	11.5

续表

主水泵					
项	部件名称	质量(t)	项	部件名称	质量(t)
5	上　盖	21	5	拨　叉	4
6	中　盖	16	6	操作盘	3
7	下　盖	5.8	7	定片、转叶	2.3
8	其他零部件	8.2	8	其他零部件	19.6
三	泵轴部件	13.5	主泵总质量约为 300		
主电机					
一	定子装配	50.2	六	8 只空气冷却器	7.55
二	转子装配	73	七	风板和盖板	13
三	上机架装配	22.7	八	基础部件	3.5
四	下机架装配	73	九	其他零部件	4.5
五	转　轴	21	十	液压减载装置	1.5
主电机总质量约为 270					

1.2.1　水泵结构

主水泵为导叶式混流泵，主要结构包括叶轮、叶片调节机构、叶轮外壳、导叶体、泵轴、水泵导轴承等部分。水泵结构如图 1.3 所示。

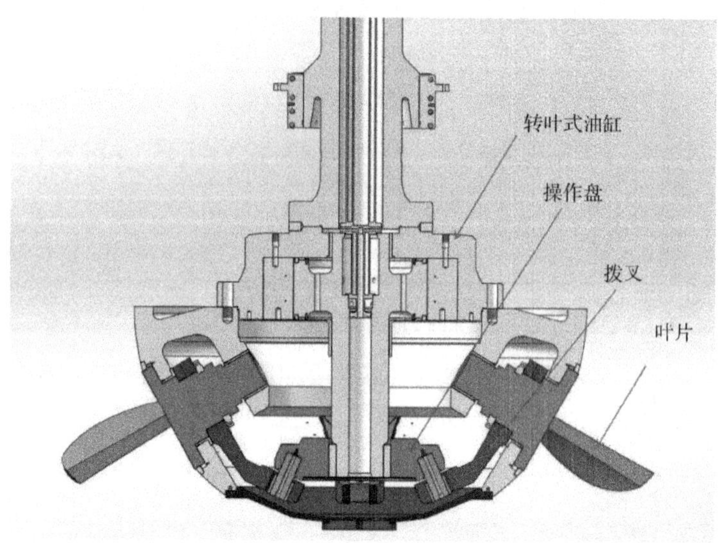

图 1.3　水泵剖面图

1. 叶轮

皂河站叶轮公称直径 5 700 mm，球径 6 580 mm，由 4 只叶片、轮毂体、叶片调节操作机构等组成（如图 1.4 和图 1.5 所示）。叶片采用 ZG06Cr13Ni4Mo 不锈钢单片整铸，轴线倾斜角为 45°。主要技术参数如表 1.2 所示。

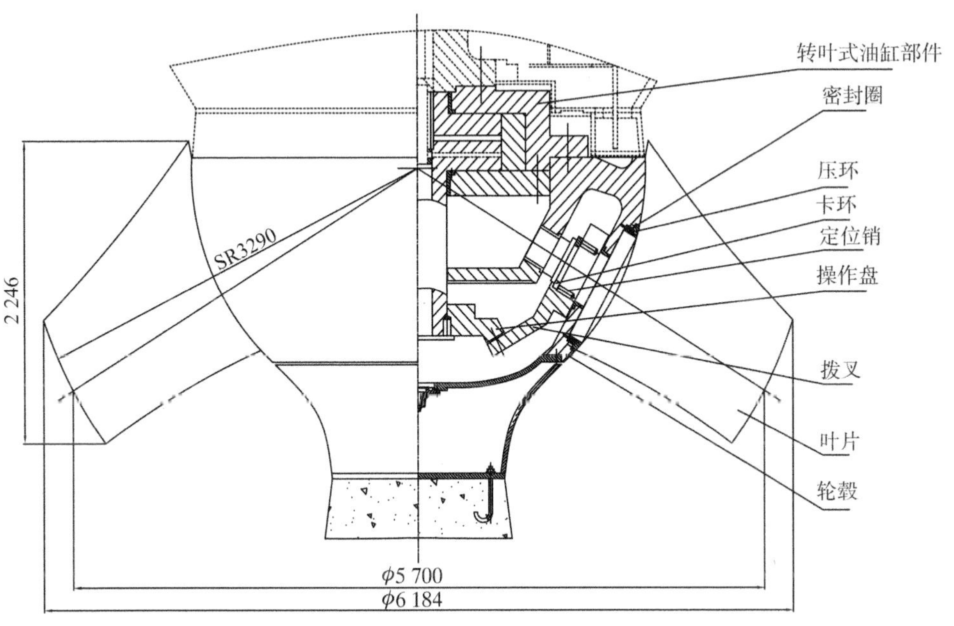

图 1.4　叶轮结构

图 1.5　叶轮实物图

表 1.2　叶轮技术参数

序号	项目	参数
1	公称直径	5 700 mm
2	叶片	
2.1	叶片数	4 片
2.2	材料	ZG06Cr13Ni4Mo
2.3	叶片间隙	5.70 mm
2.4	叶片正表面粗糙度 Ra 不大于	1.6 μm
2.5	叶片头部型线最大允许偏差为	±2.0 mm
2.6	叶片正背面型线最大允许偏差为	±2.0 mm
2.7	叶片全开、全关位置的安放角最大允许偏差为	±0.25°
3	轮毂	
3.1	轮毂比	约 0.568
3.2	材料	铸钢
4	叶片密封	
4.1	叶片密封型式	O 型密封圈
4.2	密封材料	耐油橡胶
4.3	密封寿命	不小于 10 年
5	操作架	
5.1	型式	旋转式，整体铸造
5.2	材料	铸钢
6	调节杆	
6.1	材料	45# 锻钢
6.2	分段连接方式	不分段
6.3	轴承型式	滑动轴承

2. 叶片调节机构

根据叶片在轮毂体上能否转动，叶片调节机构可分为固定式、半调节式和全调节式三种。泵在运转中或停止运转后，通过液压或机械机构调整叶片的安装角度，达到改变工况目的的调节方法称为全调节。大中型混流泵一般多采用全调节式，结构比较复杂，加工精度和安装要求都较高。皂河站即采用典型的液压式全调节机构，结构如图 1.6 所示。

叶调机构的配油系统由配压阀、接力器、转叶式油缸(图 1.7)和反馈机构组成。油压控制机构安装在电机的顶部,作用在接力器活塞上的压力油由受油器随轴转动的操作油管供给,操作油管为单腔式,和接力器活塞下腔相通,操作油管与泵的轴孔之间的环状空间与接力器活塞的上腔相通。调节时,转动调节器的手轮,调节螺杆移动,配压阀阀芯移动,配压阀阀口升高或降低,操作压力油进入转叶式油缸推动转叶转动,带动水泵叶片转动,此时升降筒移动,经连杆反馈,使配压阀阀芯向相反方向移动,刚好将配压阀阀口关闭。这一动作过程完成了水泵叶片调节。

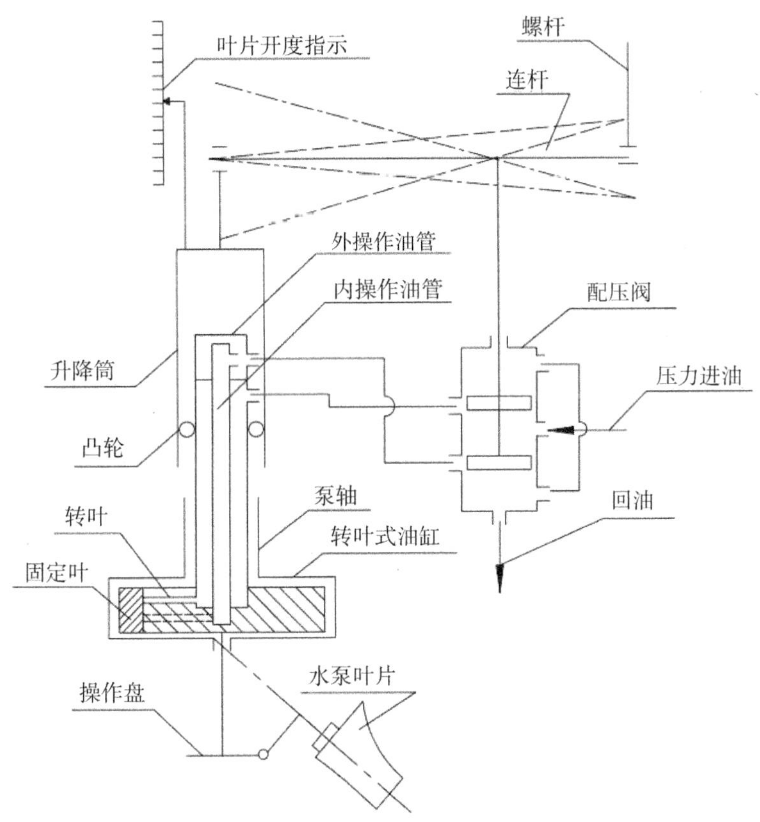

图 1.6　叶片调节机构原理示意图

①叶片传动机构。叶片传动机构由转叶式油缸(转轴、转叶、固定叶)、操作盘(图 1.8)、拨叉等组成。

叶片调节原理:当压力油进入油缸内,内外油腔之间形成压差推动转叶与转轴缓慢旋转,转轴旋转带动固定在转轴尾端的操作盘旋转,操作盘与拨叉用滑块和滑块销连接,实现左右运动,达到叶片调节目的。

图 1.7　转叶式油缸

图 1.8　拨叉操作盘

②叶片定位。叶片部件由叶片和叶片轴组成，叶片与叶片轴是整体铸件。叶片部件与叶轮轮毂体是通过镶在轮毂体上的铜套进行叶片径向定位的。为了防止叶轮在旋转时，叶片相对于叶轮轮毂体作轴向运动，在拐臂内侧用卡环定位，这样，叶片既可以在铜套(滑动轴承)内转动，又不至于因离心力作用而甩出轮毂体，如图 1.9、图 1.10 所示。

③叶轮的密封。叶轮的密封有转叶式油缸的密封，枢轴的密封以及叶轮与底盖的密封等。

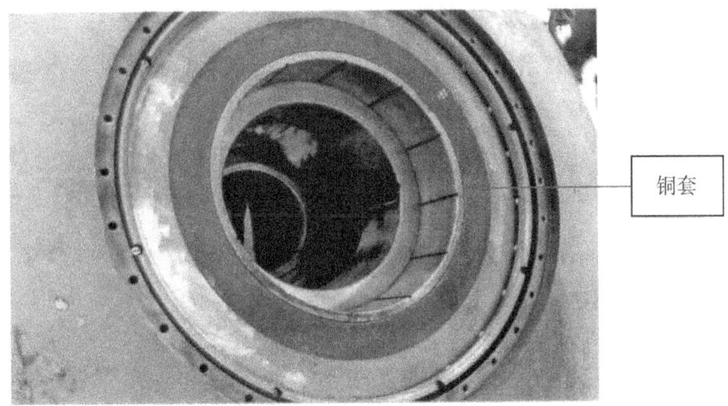

图 1.9　轮毂体上的铜套

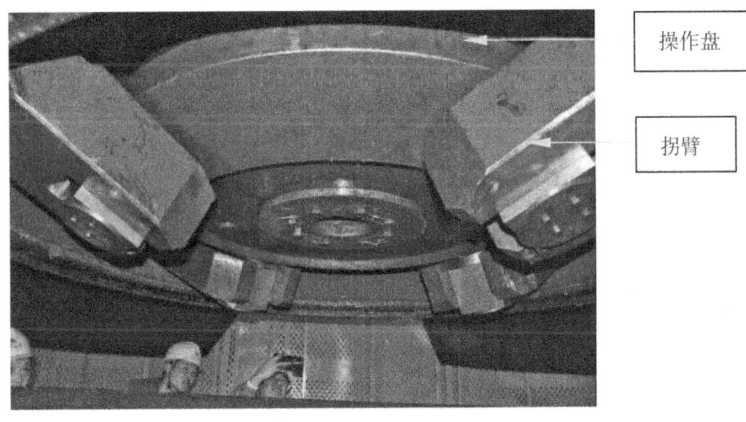

图 1.10　拐臂与操作盘连接

a. 转叶式油缸的密封。转叶式油缸的密封是立体密封，油缸内有转叶和固定叶各 6 瓣，每瓣转叶在两瓣固定叶之间，两侧各有一个油腔，腔体分别连接转叶油缸中心的操作油管内、外腔，当两侧油腔形成压差时，高压油会压迫转叶向低压侧的油腔转动，压缩低压油腔空间，直至两侧油腔压力平衡，从而实现转叶联动机构带动水泵叶片同步转动，完成水泵叶片角度调节。为了保证转叶运动灵活，必须控制好转叶油缸密封的泄漏量，如果转叶与缸体密封不严，则油腔之间的压差不能建立，转叶就不能旋转运动，或运动不灵活，若转叶密封过紧，则活塞易卡阻，叶片调节也不会灵活。

为了保证内油腔与外油腔有效密封，在油缸转叶上下外圈面上开有安装油缸密封环的环形槽，6 瓣油缸转叶每瓣上部、下部和侧面分别有两道密封槽，用来安装密封组件(橡胶条/橡胶圈上放置弹簧，密封块/铜环上开弹簧孔并置于弹簧上，密封块/铜环最上面有沟槽，橡胶条拼接并压于槽内，起到密封转叶与油缸壳体的作用）。转叶油缸转子体上下端面靠近大轴侧开有环形槽 1 道，槽里安装铜环及橡胶密封条（各密封和密封环底部为橡胶条/橡胶圈）。转叶式油缸缸体外缘上下端面分别开有环形槽 1 道，槽里安装铜环及橡胶密封条（各密封和密封环底部为橡胶条/橡胶圈）。为了控制泄漏量，本次改造中，在转叶垂直两侧分别加装铜板及密封垫，增强固定叶和转动叶之间的圆周密封。在油缸固定叶靠近转子体侧面各开两道密封槽，用来安装密封组件（橡胶条/橡胶圈上放置弹簧，密封块/铜环上开弹簧孔并置于弹簧上），增强固定叶与转子体之间的密封。如图 1.11、图 1.12 所示。

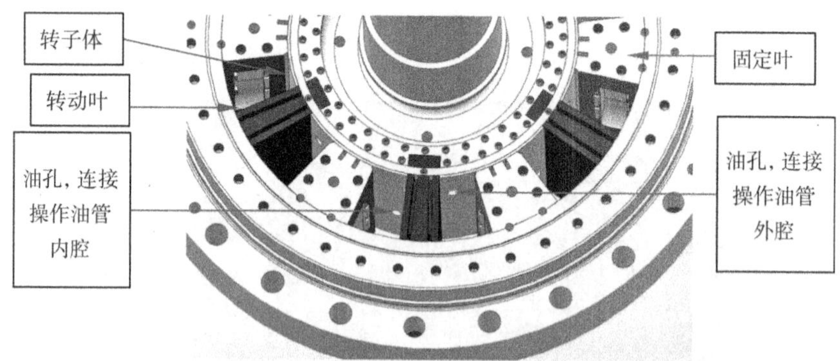

图 1.11　转叶式油缸结构

图 1.12　转叶式油缸解体后的转叶体

b. 枢轴的密封。指叶片轴与轮毂体之间的密封。为了防止流过叶片的水沿叶片轴渗入轮毂体内与操作压力油接触，导致转轮部件锈蚀，在叶片轴与轮毂体外缘交接处设有密封装置。

c. 叶轮与底盖的密封。包括轮毂体与转轴、轮毂与底盖之间的密封。为了防止操作压力油外溢，在转轴与轮毂体法兰面以及轮毂体与底盖之间均用不同直径的橡胶密封条进行密封。

④轮毂体

轮毂体用来安装叶片和叶片调节传动机构等零件。轮毂体为球形，直径为 6 580 mm（含叶片），能保证叶片根部在任意角度下与轮毂体保持固定间隙，减少间隙水流损失。轮毂体上设有键槽，用键和主轴连接，以传递扭矩，其下部与导水锥相连，如图 1.13 所示。

图 1.13　皂河站轮毂体

⑤导水锥

导水锥起导流作用，见图 1.14。

图 1.14　导水锥示意图

3. 叶轮外壳

叶轮室是铸件，由 4 瓣组装而成，总重 32 t。调节叶片时，为保持叶片外缘与叶轮外壳有一固定间隙，叶轮外壳呈圆球形。为便于安装，叶轮外壳是分瓣铸造的，中间用法兰和螺栓连接，首次安装调整合格后，进行砼浇筑固定。

4. 导叶体

导叶体由 8 片导叶、上下环组成，分成 4 瓣，与叶轮外壳连接固定，组装后总重 70 t。导叶体采用 ZG－25 铸件，装在叶轮上方，圆锥形。

5. 进出水流道

皂河站采用钟型平面蜗壳进水流道、双螺旋型蜗壳压水室和平直出水管。采用钟型平面蜗壳进水流道，除了为进水水流平稳，保证水泵空蚀性能良好外，因流道的高度与叶轮直径的比值是 1.23，流道高度较小，采用这种形式可以减小泵站厂房建筑高度，经济效益明显。泵站采用双螺旋型蜗壳压水室，蜗壳的最大对径为 16.7 m，机组中心距 18.6 m，从布置看尺寸紧凑。蜗壳采用不对称梯形断面，能够保持最高水力效率，采用双螺旋型是为了平衡水泵的径向力。出水弯管用钢筋混凝土浇筑，弯管的内曲率半径为弯管出口半径的 1.5 倍，转弯角度为 60°，其截面形状为等圆截面。

6. 泵轴

皂河站泵轴用 20SiMn 合金钢锻成，以传递扭矩。泵轴为空心，一是减轻重量，二是用油压调节叶片角度时，中间安装内油管。轴的下端与轮毂体连接，上端与电机转轴法兰连接。在泵轴与导轴承接触的轴颈处，堆焊不锈钢，以提高光洁度及耐磨、耐腐蚀性。

图 1.15　泵轴

7. 水泵导轴承及主轴密封

导轴承的作用是引导机组的转动部件准确地绕轴转动，承受转动部件的径向力。因为叶轮位于泵轴的悬臂端，工作时易产生振动，所以导轴承应有足够的刚性，位置应尽可能地靠近叶轮，以减少叶轮悬臂端的长度。

皂河站水泵导轴承为巴氏合金瓦油润滑导轴承，呈分半式结构，外部为轴承体，内部为组合式轴瓦，轴承体材质为 ZG30 铸件。它的作用是限制泵轴在规定间隙范围内运行，承受泵轴上的径向负荷，内圆直径 950 mm，高 480 mm。

图 1.16　水泵导轴瓦实物图

主轴密封位于叶轮与水泵导轴承间，以防水流沿轴上窜。分工作密封和检修密封。工作密封主要在机组运行时起作用。

导轴承在密闭无水的环境下运行，运行时靠机械密封，停机后靠空气围带止水。机械密封是靠一对垂直于轴作相对滑动的端面在流体压力（或自身重力）和补偿机构的弹力作用下保持接合并配以辅助密封而达到阻漏目的的装置，它是成熟的旋转轴用密封，密封性能可靠、泄漏量小，使用寿命长，功耗低（仅为填料密封的 10%～40%），无需经常维修，磨损后可自动补偿，抗振性好，对轴的振动、偏摆以及轴对密封腔的偏斜不敏感，得到广泛应用。

为确保导轴承的机械密封安全可靠，动环用不锈钢制造，静环选用耐磨橡胶材料，该材料摩擦副具有耐磨性好，密封性、可靠性高等特点，寿命超过 4 万运行小时。机械密封动环与转子同步转动，静环座装于护盖上，动环与轴之间、静环座与护盖之间的密封为静密封。动、静环接合面需保证达到以下要求：粗糙度 Ra≤1.6 μm，跳动公差≤0.2 mm，轴向窜动量≤0.3 mm。

检修密封为橡胶空气围带密封，主要用在停机时。使用时围带充以压缩空气，机组转动前必须排气，以免磨坏围带。

1.2.2　电机结构

电机采用半伞式结构（如图 1.17 所示），上导轴承放置在上机架上，单独设置一个容量为 0.75 m^3 的上油槽，上机架设 8 个支撑，工地组装。下导轴承和推力轴承置于下油槽内，下油槽容量为 7 m^3，支撑在下机架上，下机架设 8 个支撑，工地组装，为承重机架。油槽润滑油用水冷却。电机各部分重量见表 1.3。

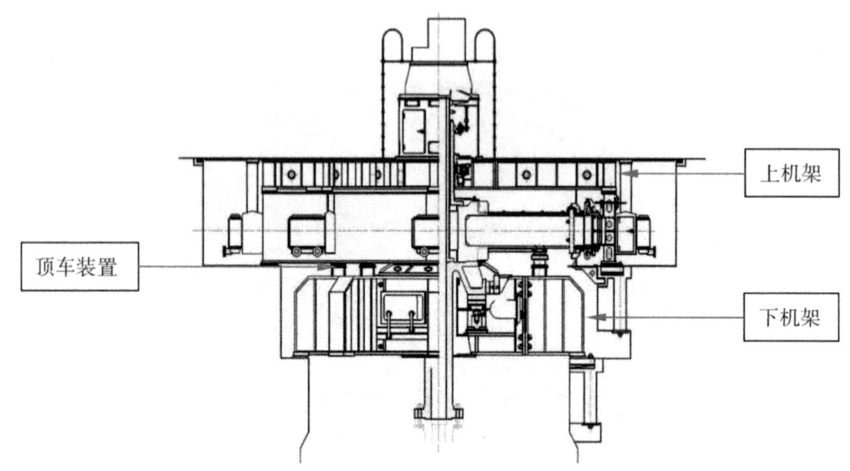

图 1.17　TL7000－80/7400 立轴同步电机

表 1.3　电机各部分质量参考表

序号	部位	质量(t)	序号	部位	质量(t)
1	定子装配	50.2	6	空气冷却器 8 只	7.55
2	转子装配	73	7	风板和盖板	13
3	上机架装配	22.7	8	基础部件	3.5
4	下机架装配	73	9	其他零部件	4.5
5	转轴	21	10	液压装载装置	1.5
TL—7000－80/7400 主电机总质量约为 270					

1. 定子

定子由机座、铁芯、线圈、支持环等部件组成(如图 1.18 所示)。定子铁芯内径 7.04 m，分为 4 瓣，工地组装。机座由不同厚度的钢板焊成，起到固定铁芯和支撑悬吊式电机组转动部分传来重量的作用。铁芯由两面涂有绝缘漆的扇形硅钢片叠压而成，总长 615 mm、槽宽 19.4 mm、槽深 103 mm，用穿芯螺栓和压板紧固。外圈有鸠尾槽，通过定位筋和三角托板固定在机座上。线圈嵌入铁芯，用胶木板制成的楔条固定在槽中，端部用棉绳绑在支持环上。定子采用上、下两端进风，经空气冷却器冷却。定子绕组导线采用优质扁铜线，绕组绝缘采用 F 级；定子绕组采用双星形连接，其出线和中性点引线均为线电压级全绝缘；定子绕组进出线用铜排引出；定子引出线接头采用铜螺栓与电缆连接；为便于微机监控系统对电机测温，定子槽内层间埋设测温元件，每相 3 个，共 9 个。

图 1.18　定子

2. 转子

同步电机工作原理是在电机的定子绕组加上三相交流电，三相交流电通过定子绕组时，就在电机的气隙中产生旋转磁场。当转子的励磁绕组也加上励磁电流时，转子好像一个可转动的磁铁。于是，旋转磁场就带动这个磁铁，按旋转磁场的旋转方向和速度一同旋转。电机转子的作用就是输出扭矩。

转子由主轴、支架、磁轭、制动板、阻尼条、阻尼环、风扇、铁芯、线圈等组成（如图 1.19 所示）。转子分为 2 瓣，工地组装。转子采用凸极式，磁极冲片两端加压板由螺杆拉紧形成磁极铁芯，磁极铁芯包绝缘后套入 80 只磁极线圈形成磁极。磁极螺杆将磁极与磁轭相连接，形成整体铸钢件结构，经加工后再热套在轴上。转子磁极上配备阻尼绕组，当机组牵入亚同步之后，磁场绕组进入励磁状态，电机进入同步运行。转子支架用螺栓连接在推力头上。

图 1.19　转子

3. 下机架

下机架为辐射式结构，中间为下油槽，8 条支撑上分别安装一个油压千斤顶，供开机前顶转子及停机时刹车用。油槽内装设下导轴承、推力轴承、油冷却器等部件。下机架的作用主要是承受泵轴轴向力以及下导轴承和推力轴承的重量，为承重支架（如图 1.20 所示）。

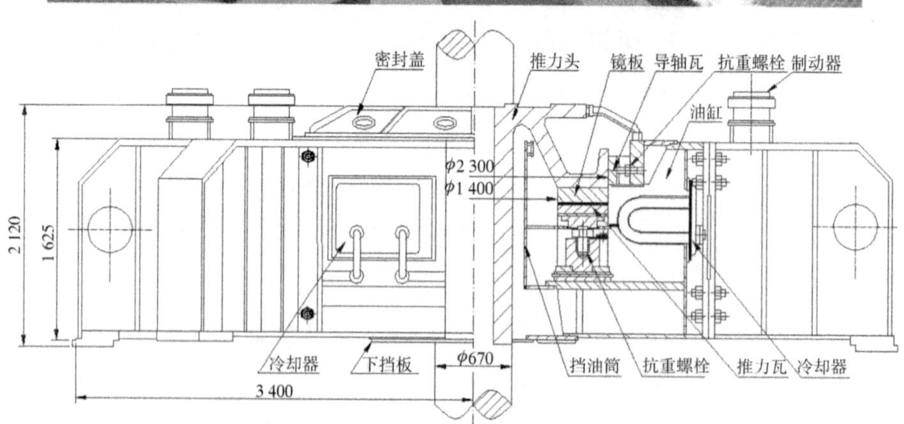

图 1.20　下机架

4. 上导轴承

上导轴承承受径向力，导轴承是用来稳定主轴转动中心以限制主轴的水平运动或摆动，使运转均匀（如图 1.21 所示）。皂河站上导轴承安装在上机架内，有 8 块巴氏合金瓦，用抗重螺栓及托板横向固定在瓦架上，控制着主轴的径向位移，瓦的反面以及上下面均有绝缘垫板，以防轴电流引出。上导轴瓦处设测温元件 4 个，机架油池内设测温元件 1 个，测温元件采用铂热电阻 Pt100(三线制)。

图 1.21　上导轴瓦

5. 下导轴承和推力轴承

下导轴承承受径向力，限制主轴的水平运动或摆动，使运转均匀。下导轴承安装在下机架内，共 12 块巴氏合金瓦，用抗重螺栓及托板横向固定在瓦架上，控制着主轴的径向位移，瓦的背面以及上下面均有绝缘垫板，防止产生轴电流。

推力轴承的作用是承受水流作用在叶片上的轴向压力以及水泵、电机转动部件(包括水泵最大水推力在内)的重量，维持转动部件的轴向位置，并将轴向压力传到基础。为便于微机监控系统对电机测温，推力瓦处埋设测温元件 12 个，下导轴瓦处设 4 个，下机架油槽内设 1 个，测温元件同样采用铂热电阻 Pt100(三线制)，并配主机层现场测温显示仪表。

图 1.22　下导轴承

图 1.23 推力瓦

1.3 机组检修

机组的检修维护是泵站管理的关键工作，检修质量直接影响机组性能和效益的发挥。泵站机组的安装与检修是综合的、复杂的过程且技术要求很高。

本节主要介绍皂河站主机组检修的检修项目、检修周期、检修方式等内容。机组的检修除了依据《大中型泵站主机组检修技术规程》(DB32/T 1005—2006)外，还应符合国家现行有关标准的规定和设备制造商的特殊要求。

1.3.1 检修项目

1. 定期检查

水泵部分定期检查主要项目包括：

(1) 叶片、叶轮室的汽蚀情况和泥沙磨损情况；

(2) 叶片与叶轮室间的间隙；

(3) 叶轮法兰、叶片、主轴联轴法兰的漏油、渗油情况；

(4) 对油润滑水泵导轴承的润滑油取样化验，并观测油位；

(5) 水泵导轴承磨损情况，测量轴承间隙；

(6) 地脚螺栓、连接螺栓、销钉等应无松动；

(7) 测温及液位信号等装置情况；

(8) 润滑水管、滤清器、回水管等淤塞情况；

(9) 液压调节机构的漏油量，叶片角度对应情况；

(10) 机械调节机构油位和动作灵活情况，叶片角度对应情况；

(11) 齿轮变速箱油位、油质、密封和冷却系统；

(12) 联轴器连接情况。

电机部分定期检查主要项目包括：

(1) 上、下油槽润滑油油位，并取样化验；

(2) 机架连接螺栓、基础螺栓应无松动；

(3) 冷却器外观应无渗漏；

(4) 集电环和碳刷磨损情况；

(5) 制动器、液压减载系统应无渗漏，制动块应能自动复归；

(6) 测温装置指示应正确；

(7) 油、气、水系统各管路接头应严密，无渗漏；

(8) 电机轴承应无甩油现象；

(9) 电机干燥装置应完好。

2. 小修

水泵部分小修的主要项目包括：

(1) 叶片漏油处理，更换密封件，更换润滑油；

(2) 油润滑水泵导轴承解体，清理油箱、油盆，更换润滑油；

(3) 叶片调节机构轴承的更换及安装调整；

(4) 受油器上操作油管的内、外油管处理；

(5) 液位信号器及测温装置的检修。

电机部分小修的主要项目包括：

(1) 冷却器的检修；

(2) 上、下油槽的处理及换油；

(3) 集电环的加工处理；

(4) 制动器和液压减载系统的检修；

(5) 轴瓦间隙及磨损情况检查。

3. 大修

一般性大修应包括：

(1) 小修的全部内容；

(2) 叶片、叶轮室的汽蚀处理；

(3) 泵轴轴颈磨损的处理；

(4) 受油器分解、清理，轴瓦、内外油管磨损的处理，绝缘部分损坏的检查处理；

(5) 叶轮的解体、检查和处理，叶轮的油压试验；

(6) 电机轴承的检修和处理，电机轴瓦的研刮；

(7) 电机定、转子绕组的绝缘维护；

(8) 电机集电环和碳刷的处理或更换；

(9) 冷却器的检查、检修和试验；

(10) 液压调节机构上、中、下操作油管的检查、处理和试验；

(11) 制动器和液压减载系统的解体检查处理；

(12) 机组的同轴度、轴线摆度、垂直度(水平)、中心、各部分间隙及磁场中心的测量调整；

(13) 油、气、水系统检查、处理及试验；

(14) 联轴器的检修和处理；

(15) 测温元器件的检修和处理。

扩大性大修应包括：

(1) 一般性大修的所有内容；

(2) 磁极线圈或定子线圈损坏的检修更换；

(3) 叶轮的静平衡试验；

(4) 转叶油缸检修和处理。

1.3.2 检修周期

根据《大中型泵站主机组检修技术规程》(DB32/T 1005—2006)要求，主机组检修周期应根据机组的技术状况和零件的磨损、腐蚀、老化程度以及运行维护条件确定，可按表 1.4 的规定进行，亦可根据具体情况提前或推后。

表 1.4 主机组检修周期

检修类别	检修周期(a)	运行时间(h)	工作内容	时间安排
定期检查	0.5	0～3 000	了解设备状况，发现设备缺陷和异常情况，进行常规维护	汛前和汛后
小修	1	1 000～5 000	处理设备故障和异常情况，保证设备完好率	汛前或汛后及故障时
大修	3～6	3 000～20 000	一般性大修或扩大性大修，进行机组解体、检修、安装、试验、试运行，验收交付使用	按照周期列入年度计划

主机组运行中发生以下情况应立即进行大修：

发生烧瓦现象；

主电机线圈内部绝缘击穿；

油缸漏油严重；

叶片调节失灵；

主轴磨损严重；

其他需要通过大修才能排除的故障。

1.3.3　检修方式

主机组检修一般分为定期检查、小修和大修三种方式。

主机组定期检查是根据机组运行的时间和情况进行检查，了解设备存在的缺陷和异常情况，为确定机组检修性质提供依据，并对设备进行相应的维护。定期检查通常安排在汛前、汛后和按照计划安排的时间进行。

主机组小修是根据机组运行情况及定期检查中发现的问题，在不拆卸整个机组和较复杂部件的情况下，重点处理一些部件的缺陷，从而延长机组的运行寿命。机组小修一般与定期检查结合或设备产生应小修的运行故障时进行。

主机组大修是对机组进行全面解体、检查和处理，更换损坏件，更新易损件，修补磨损件，对机组的同轴度、摆度、垂直度（水平）、高程、中心、间隙等进行重新调整，消除机组运行过程中的重大缺陷，恢复机组各项指标。主机组大修通常分一般性大修和扩大性大修。

1.4　历次大修及改造情况

皂河站是我国“七五”期间重点工程。该项目由原水电部淮河规划办公室(75)淮办（规字）第 32 号文批准兴建。工程于 1977 年破土动工，1979 年 4 月底板封底，机电设备预埋接地；1981 年初，工程停缓建设；1983 年 8 月机组正式开始安装，1984 年 6 月底机组安装完毕，同年 8 月进行了第一次空载试运行；后因主泵受油器等主要部件制造质量问题返厂回修，及重新校核压油装置容积修改设计，工期延期；1986 年 6 月 4 日进行第二次试运行成功后，于 1987 年 4 月正式移交投入生产运行。

1991 年，皂河站 1 号机组因叶片调节系统在移交时就存在油缸泄漏量大、调节过程中产生振动等问题，经 6 700 小时的运行后，其叶片角度调节困难，油缸泄漏明显增加。鉴于以上情况，经江苏省水利厅批准，以苏水基〔91〕45 号文件批准同意 1 号机组列入基建大修项目。同年 9 月，江苏省水建公司机安处按计划进场做好拆机准备，但因油缸加工技术难度大，测试有外泄现象，未能按时交货；后因油缸泄漏量超设计要求须进一步改进，故开工延期；1992 年 3 月 9 日，接江苏水利厅通知正式开工，新油缸和叶轮头配接和受油器的安装、调试由上海水泵厂负责;7 月 13 日 1 号机组完成历时 74 小时的运行测试工作,本次大修工作圆满完成。本工程总概算 157 万元,新增经费 10 万元,主要完成三大任务:①重新制造安装油缸一只,解决液压振动暨配压阀的问题;②机组按大修要求进行检修和调整;③相应的辅机设施维修改造。

2009 年 7 月,国务院南水北调办以《关于南水北调东线一期长江—骆马湖段其他工程皂河一站更新改造工程初步设计报告(概算)的批复》(国调办投计〔2009〕141 号),批复皂河一站改造工程概算总投资为 12 219 万元。后经国务院南水北调办核增,皂河站改造工程批复总投资为 13 248 万元。根据初步设计批复,更新改造 2 台主机组及附属设备;更新改造电气设备、拦污栅、启闭机、闸门等;维修加固泵站土建,皂河站下游新建穿邳洪河地涵及引水闸、清污机桥及公路桥等。皂河站 2 号机组更新改造于 2010 年 10 月开工,2011 年 5 月完成;1 号机组更新改造于 2011 年 9 月开工,2012 年 5 月完成;机组于 2012 年 5 月通过机组试运行验收。皂河站本次改造主要解决重大问题有:①更新改造过程中,通过优化改造方案,采用了现场更换电机定子线圈、转子磁极的方法,改造后电机的整体绝缘性能明显提高;在水泵轮毂未更换的情况下,通过优化水泵叶片的叶型,提高了水泵效率,泵站实际抽水能力较改造前提高 10%以上;②通过对叶片调节机构转叶式接力器油缸密封结构进行改进,油缸内泄量减少 50%左右,同时机组叶片调节机构配压阀的振动问题基本得到解决,机组运行效率和稳定性、安全性提高了。

2021 年 12 月江苏省财政下达皂河站 2 号主机组大修水利发展资金 360 万元;为切实推进项目实施,加强项目的组织、质量、安全、进度、资金、档案管理,按时完成项目建设,皂河站 2 号机组大修工作由江苏省骆运水利工程管理处负责,成立皂河站 2 号机组大修建设处,通过公开招标选定江苏省水利建设工程有限公司为施工单位负责 2 号机组大修具体施工实施,工期总日历天数为 180 天。皂河站 2 号机组大修主要处理重大问题有:①主水泵受油器内泄漏严重处理;②主电机下油槽渗漏油较为严重处理;③主水泵动静环密封漏水量超标处理;④更换老化的空气围带;⑤水泵叶片自动调节电机和传动装置故障处理。

第二章 机组大修准备

2.1 成立施工组织

2.1.1 组织体系

江苏省骆运水利工程管理处负责皂河站 2 号机组大修工作，于 2022 年 1 月 10 日成立皂河站 2 号机组大修建设处（以下简称建设处），主要负责 2 号机组大修现场的质量、安全、进度和资金等管理，建设处设顾问 1 名，主任 1 名，副主任 3 名，下设工程科、安全科、综合科等部门。其中，工程科由机械维修组、电气维修组、起重技术组、质量检验组、安全技术组、档案管理组等组成。

机械维修组：负责实施机组大修中的机务维修。

电气维修组：负责实施机组大修中的电气维修。

起重技术组：负责制定起重方案及起重操作、指挥。

质量检验组：负责质量监督、检验。

安全技术组：负责施工现场的安全管理、安全用具配备与安全教育。

档案管理组：负责制定技术方案和各部件技术资料的收集和分析。

2.1.2 组织机构

施工单位负责 2 号机组大修具体施工实施，组织机构见表 2.1。施工人员及机具设备根据工程进展情况逐步进场、退场，并确保施工的需要，保证工程进度。特殊作业人员应持有有效的特殊工种上岗证，确保施工质量及工程顺利进行。

表 2.1　施工单位组织机构

人员名称	数量(名)
项目经理	1
项目副经理、技术负责人	3
质检员	1
安全员	1
机械安装工	15
电气安装工	1
起重工	4
电焊工	2
其他管理人员	4
普工	10

2.1.3　施工工期

机组大修工期:180 天。

质量目标:以《泵站设备安装及验收规范》(SL 317—2015)、《水利工程施工质量检验与评定规范 第 3 部分:金属结构与水力机械》(DB32/T 2334.3—2013)为质量控制标准,以优良为控制目标。

工期进度如下。

(1) 2022 年 10 月 1 日开工。

(2) 2022 年 10 月 10 日进行场地铺设、工具整理,放检修闸门、堵漏、排水等,完成大修前准备工作。

(3) 2022 年 10 月 13 日 2 号机组叶调机构解体,辅机管道拆除。

(4) 2022 年 10 月 15 日电机转子励磁线、集电环、电机上机架盖板等拆除。

(5) 2022 年 10 月 16 日测量轴承间隙、叶片间隙、磁场中心、摆度等数据。

(6) 2022 年 10 月 24 日电机转子部件、电机轴等拆除。

(7) 2022 年 10 月 25 日联轴器连接螺栓、电机导轴承、推力头、下机架拆除。

(8) 2022 年 10 月 29 日泵轴及下操作油管拆除。

(9) 2022 年 11 月 4 日叶轮头清洗、拆卸吊至检修间。

(10) 2022 年 11 月 6 日完成全部拆解工作。

(11) 2022 年 11 月 7 日开始 2 号机组维修工作,2022 年 12 月 31 日前完成。期间完成包括滤油、镜板研磨、固定部件垂直同心度测量调整、清理除锈出新等维修工作。

(12) 2023 年 2 月 2 日—2 月 8 日,叶轮部件气压密封检查,叶轮头吊装就位。

（13）2023 年 2 月 9 日，上、中、下盖部件吊装就位。

（14）2023 年 2 月 12 日，泵轴及泵轴轴承预装检查。

（15）2023 年 2 月 14 日，电机定子、下机架与泵轴窝垂直同轴度调整。

（16）2023 年 2 月 15 日，下操作油管安装。

（17）2023 年 2 月 16 日，下操作油管压力试验。

（18）2023 年 2 月 17 日，泵轴安装。

（19）2023 年 2 月 19 日，电机下导轴承架、推力瓦吊装就位，并初调瓦面高程水平等。

（20）2023 年 2 月 20 日，中操作油管安装及压力试验、电机轴（推力头）安装。

（21）2023 年 2 月 23 日，上操作油管安装、电机上机架吊装。

（22）2023 年 2 月 24 日，上操作油管压力试验。

（23）2023 年 2 月 25 日，冷却器安装及压力试验。

（24）2023 年 2 月 26 日，下油缸挡油圈及底盖安装。

（25）2023 年 2 月 27 日，转子及推力头吊装就位。

（26）2023 年 2 月 28 日，安装上油缸轴承。

（27）2023 年 3 月 1 日—2023 年 3 月 10 日，轴线摆度测量、调整处理；调整转动部件轴线中心。

皂河站 2 号主机组大修工程施工进度计划横道图如图 2.1 至图 2.3 所示（实际施工根据现场调整）。

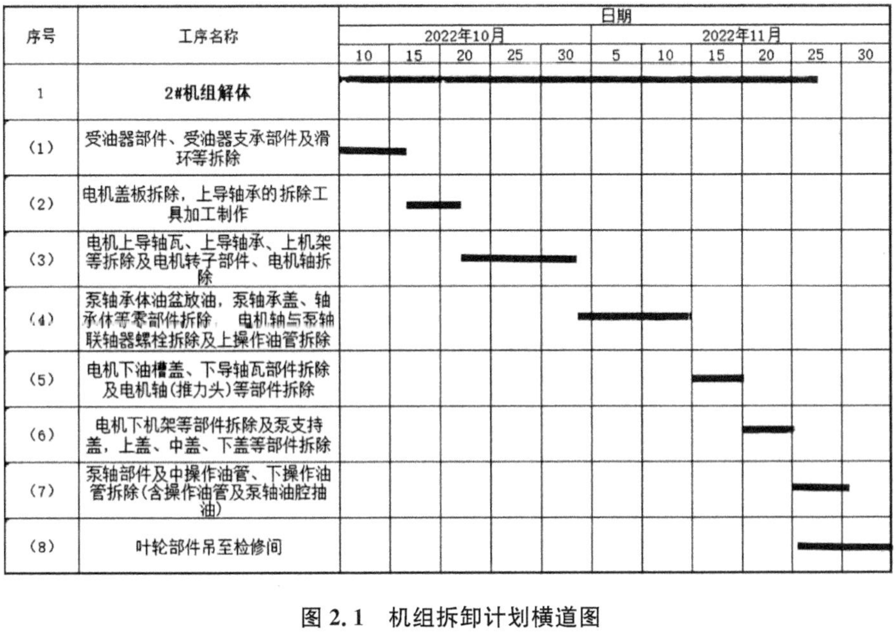

序号	工序名称	日期										
		2022年10月					2022年11月					
		10	15	20	25	30	5	10	15	20	25	30
1	**2#机组解体**											
(1)	受油器部件、受油器支承部件及滑环等拆除											
(2)	电机盖板拆除，上导轴承的拆除工具加工制作											
(3)	电机上导轴瓦、上导轴承、上机架等拆除及电机转子部件、电机轴拆除											
(4)	泵轴承体油盆放油，泵轴承盖、轴承体等零部件拆除，电机轴与泵轴联轴器螺栓拆除及上操作油管拆除											
(5)	电机下油槽盖、下导轴瓦部件拆除及电机轴(推力头)等部件拆除											
(6)	电机下机架等部件拆除及泵支持盖，上盖、中盖、下盖等部件拆除											
(7)	泵轴部件及中操作油管、下操作油管拆除(含操作油管及泵轴油腔抽油)											
(8)	叶轮部件吊至检修间											

图 2.1　机组拆卸计划横道图

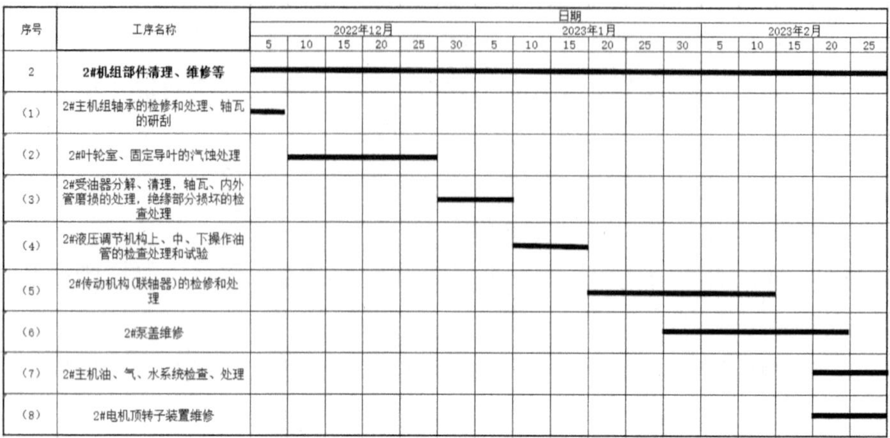

序号	工序名称	日期																
		2022年12月						2023年1月						2023年2月				
		5	10	15	20	25	30	5	10	15	20	25	30	5	10	15	20	25
2	**2#机组部件清理、维修等**																	
(1)	2#主机组轴承的检修和处理、轴瓦的研刮																	
(2)	2#叶轮室、固定导叶的汽蚀处理																	
(3)	2#受油器分解、清理，轴瓦、内外管磨损的处理，绝缘部分损坏的检查处理																	
(4)	2#液压调节机构上、中、下操作油管的检查处理和试验																	
(5)	2#传动机构(联轴器)的检修和处理																	
(6)	2#泵盖维修																	
(7)	2#主机油、气、水系统检查、处理																	
(8)	2#电机顶转子装置维修																	

图 2.2　机组部件维修横道图

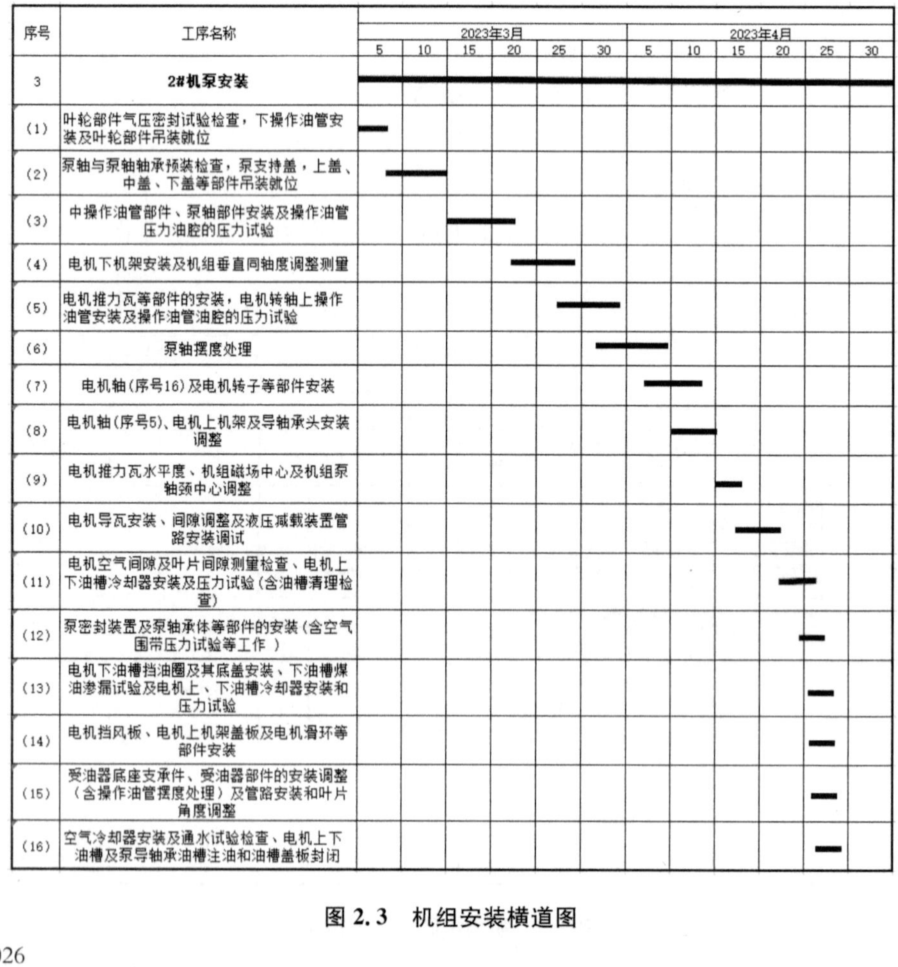

序号	工序名称	2023年3月						2023年4月					
		5	10	15	20	25	30	5	10	15	20	25	30
3	**2#机泵安装**												
(1)	叶轮部件气压密封试验检查，下操作油管安装及叶轮部件吊装就位												
(2)	泵轴与泵轴轴承预装检查，泵支持盖，上盖、中盖、下盖等部件吊装就位												
(3)	中操作油管部件、泵轴部件安装及操作油管压力油腔的压力试验												
(4)	电机下机架安装及机组垂直同轴度调整测量												
(5)	电机推力瓦等部件的安装，电机转轴上操作油管安装及操作油管油腔的压力试验												
(6)	泵轴摆度处理												
(7)	电机轴(序号16)及电机转子等部件安装												
(8)	电机轴(序号5)、电机上机架及导轴承头安装调整												
(9)	电机推力瓦水平度、机组磁场中心及机组泵轴颈中心调整												
(10)	电机导瓦安装、间隙调整及液压减载装置管路安装调试												
(11)	电机空气间隙及叶片间隙测量检查、电机上下油槽冷却器安装及压力试验(含油槽清理检查)												
(12)	泵密封装置及泵轴承体等部件的安装(含空气围带压力试验等工作　)												
(13)	电机下油槽挡油圈及其底盖安装、下油槽煤油渗漏试验及电机上、下油槽冷却器安装和压力试验												
(14)	电机挡风板、电机上机架盖板及电机滑环等部件安装												
(15)	受油器底座支承件、受油器部件的安装调整（含操作油管摆度处理）及管路安装和叶片角度调整												
(16)	空气冷却器安装及通水试验检查、电机上下油槽及泵导轴承油槽注油和油槽盖板封闭												

图 2.3　机组安装横道图

2.2　落实施工设备

2.2.1　主要施工机具设备

根据本工程项目特点及施工要求，配备以下机具、设备。

表 2.2　施工机具设备

序号	名称	规格型号	单位	数量	备注
1	电动试压泵	2DY－510/10	台	1	
2	吸尘吸水机	80 L	台	1	
3	液压弯管机	W28K－89	台	1	
4	压力滤油机	YLJ－10	台	1	
5	机械千斤顶	3 t、5 t、10 t、20 t	只	各 8	
6	手动逆变焊机	ZX7－400S	台	1	
7	手动逆变焊机	ZX7－500S	台	1	
8	氩弧焊机	NB500	台	1	
9	焊条干燥箱	XYH－100	台	1	
10	空压机	0.9 m^3	台	1	
11	砂轮切割机	ϕ400 mm	台	2	
12	电动扳手		台	2	
13	普通套筒扳手	9 件套	套	2	
14	重型套筒扳手	26 件套	套	2	
15	单头呆扳手	各种规格	把	各 3	
16	梅花扳手	各种规格	把	各 3	
17	敲击扳手	各种规格	把	各 3	
18	活扳手	46 mm×375 mm、30 mm×250 mm	把	各 3	
19	方型水平仪	0.02 mm/m	台	2	
20	1# 电池		对	10	
21	钢琴线	0.3 mm	kg	5	
22	胶质线	2 mm^2	m	200	
23	液压千斤顶	10 t	只	4	

续表

序号	名称	规格型号	单位	数量	备注
24	液压千斤顶	50 t	只	1	
25	钳工锉	各种型号	套	各 2	
26	角向磨光机	ϕ100	台	4	
27	耳机		副	4	
28	焊把线		套	5	
29	氧气瓶		只	2	
30	乙炔瓶		只	2	
31	氧气、乙炔气管		套	2	
32	求心器		只	2	
33	内径千分尺	150～2 000、50～600	套	各 2	
34	百分表	0～10 mm	只	20	
35	合像水平仪	0～10 mm　0.01 mm/m	只	1	
36	高度游标卡尺	300 mm	只	1	
37	深度游标卡尺	500 mm	只	2	
38	塞尺	300 mm	把	10	
39	外径千分尺	0～25	只	2	
40	卸扣	20 t	个	4	
41	卸扣	10 t	个	8	
42	卸扣	5 t	个	10	
43	吊环螺钉	ϕ10～25 mm	个	30	
44	手拉葫芦	10 t 起升高度 5 m、5 t 起升高度 5～6 m、3 t 起升高度 5～6 m	只	各 4	
45	空压机		台	1	
46	羊角电钻	16.5 mm、32 mm	台	1	
47	手电钻	13.5 mm	台	1	
48	双簧扳钻	600 mm	台	1	
49	重型套筒扳手	26 件	套	2	
50	轻型套筒扳手	32 件	套	2	
51	活口扳手	24 吋、18 吋、12 吋、10 吋、8 吋、6 吋	把	各 2	
52	数字万用表		只	3	

续表

序号	名称	规格型号	单位	数量	备注
53	双头呆扳手	10 件组	套	2	
54	双头梅花扳手	10 件组	套	2	
55	通芯起子(十字)	10 吋、6 吋	把	各 4	
56	通芯起子(一字)	10 吋、6 吋	把	各 4	
57	电动摇表	500～2 500 V	只	1	
58	圆头锤	1.5 kg、0.75 kg	把	各 4	
59	砂轮切割机	ϕ400	台	1	砂轮片 20 片
60	钢卷尺	30 m	把	2	
61	钢卷尺	5 m	把	5	
62	钢板尺	300 mm、500 mm、1 000 mm	只	各 2	
63	钢板尺	150 mm	只	4	
64	钢制水平尺	0.05 mm/m	只	4	
65	钢丝钳		把	3	
66	尖嘴钳		把	3	
67	斜嘴钳		把	2	
68	大力钳		把	2	
69	弯嘴式轴用挡圈钳		把	2	
70	断线钳		把	1	
71	羊角起钉钳		把	2	
72	开箱钳		把	1	
73	棘轮扳手	12.5 mm×280 mm	把	4	
74	接杆	12.5 mm×250 mm	把	4	
75	接头	25 mm×20 mm、20 mm×25 mm、12.5 mm×20 mm、20 mm×12.5 mm	只	各 4	
76	套筒头	常用			
77	增力扳手	Z-300 型	只	1	
78	管子钳	200、600	把	2	
79	组合工具	24 件	套	3	
80	皮带冲	16 件	套	1	
81	钢号码	10 mm	套	2	

续表

序号	名称	规格型号	单位	数量	备注
82	转盘式台虎钳(重级)	200 mm	台	1	
83	管子台虎钳	2 号	台	1	
84	钢板制锯架	300 mm	把	4	
85	扁锉	12 吋、8 吋	把	各 2	
86	三角锉	12 吋、8 吋	把	各 2	
87	半圆锉	12 吋、8 吋	把	各 2	
88	圆锉	12 吋、8 吋	把	各 2	
89	整形锉(什锦锉)	12 件	套	2	
90	圆头锤	1.13 kg	把	3	
91	划线规(弹簧式)	300 mm	只	2	
92	管子割刀	$2^{\#}$、$3^{\#}$	把	各 1	
93	木工弹线盒		只	2	
94	胀管器	ϕ16 mm	只	1	
95	三角刮刀	150	把	10	
96	手用丝锥	M6～M32	套	1	
97	圆板牙	M6～M32	套	1	
98	丝锥扳手(配丝锥)		只	各 2	
99	圆板牙架(配圆板牙)		只	各 2	
100	管螺纹铰板	GJB-60W<2 吋, GJB-114W<4 吋	只	各 1	
101	挑刀		把	4	
102	台式砂轮机	M3225(ϕ250)	台	1	配砂轮片
103	磁座钻	J1C-32	台	1	配 ϕ16.5 钻夹头和莫氏套管
104	手用铰刀	ϕ25	只	2	
105	外径千分尺	300～400 mm	只	1	
106	内径百分尺(气缸表)	250～400 mm	只	1	
107	八角锤	3.6 kg	把	4	
108	八角锤	10 kg	把	2	
109	撬棍	32 mm×1 000 mm、 32 mm×1 000 mm	根	各 4	

续表

序号	名称	规格型号	单位	数量	备注
110	平口式油灰刀	2 吋、4 吋	把	各 10	
111	漆刷	2 吋、4 吋	把	各 10	
112	钢丝绳	ϕ40，14 m	根	2	
113	钢丝绳	ϕ40，10 m；ϕ20，10 m ϕ30，10 m、ϕ30，3.5 m、ϕ30，3 m	根	各 4	
114	吊转子钢丝绳	ϕ34，10 m	根	各 2	
115	吊带	5 t、10 t	根	各 4	
116	螺栓取出器		套	1	
117	液压千斤顶	10 t	只	4	
118	液压千斤顶	50 t，300 mm 高	只	1	
119	电吹风	2 000 W	只	2	
120	游标卡尺	150 mm	只	1	
121	游标卡尺	500 mm	只	1	
122	游标卡尺	1 000 mm	只	1	
123	电动吹风机	600 W			
124	磨具电磨	S1J－30	只	1	
125	水准仪		台	1	
126	专用工具	自制	个	若干	

2.2.2　专用工具

专用工具有求心器横梁、求心器、液压螺栓拉伸器、叶轮托架、盘车工具、其他专用扳手和量具等。

(1) 求心器横梁

用于机泵安装过程中进行轴线的测量。因基坑跨度达 11.5 m，测量人员必须通过搁置在基坑上的专用横梁，把求心器置于基坑中心。

(2) 求心器

用于机泵安装过程中轴线中心的找正。由底盘，纵、横向拖板，卷扬筒，棘轮和摇手柄等组成。

(3) 液压螺栓拉伸器

主要用于主电机转子拼装中螺栓的紧固。拉伸器由手压油泵和拉伸头组成,手压油泵压力 2 000 kg/cm^2,用高压橡皮软管与拉伸头连接。

(4) 叶轮托架

用于水泵叶轮的组装。叶片在现场组装至叶轮片。每组 4 片,每片重约 8 t。组装时将叶轮头倒置于托架上,便于斜向插入叶片和安装调角度传动器等,而后再翻身。托架荷重按 100 t 考虑。

(5) 镜板研磨平台

适用于镜板摩擦面的研磨。主机泵转环外径达 2.3 m,内径 1.4 m,重 1.7 t,研磨时必须制作专用工具。该平台用 2.8 kW 减速齿轮电机,拖动 15 t 级螺杆启闭机改装为动力源,置于台下,中央向上出轴。研磨转环时,磨头上包扎毛呢绒布,转环下垫羊毛毡,用研磨膏加 46# 透平油进行研磨。

(6) 量具

机组轴线测量时,为达到各控制直径的精度要求,需备 1 件 10 m 的内径千分尺(8 件接杆),相比主电机转子外径相对值的检测用具,其结构相仿,仅作尺寸调整即可,当操作比较复杂或空间狭窄时,还要制作专用扳手的补充件。

(7) 抱瓦专用千斤顶

制作抱瓦专用千斤顶,先测量各导轴瓦背面到上油缸缸壁的平均距离,再切割相应长度的螺杆,螺杆两端各安装 1 个螺母,通过转动两端螺母,可以调节整个工具的长度,实现短距离内的微调。

(8) 其他专用扳手和测具等

2.2.3 行车设备

(1) 主厂房行车检测

按照规范要求,应每 2 年对主厂房行车进行检测。在大修前开展行车荷载试验、钢丝绳探伤与检查及安全装置专项检查。

(2) 行车副钩装置改造

行车副钩额定起重量为 20 t,叶轮头翻身过程中,副钩受力最大会达到 40 t。为解决这一问题,在利用原小车滚筒、定滑轮及钢丝绳的基础上,增加 2 只定滑轮(2 门,10 t),利用 2 根 ϕ80 mm 的圆钢将其反吊在副钩下部;取消原副钩滑轮,增加 2 只动滑轮。完成上述改造后,将原副钩钢丝绳重新穿绕。改造后的副钩装置如图 2.7 所示。

图 2.4　行车荷载试验

图 2.5　行车钢丝绳检测

4

起重机械委托检验报告

一、目的和依据

江苏省特种设备安全监督检验研究院根据与江苏省皂河抽水站于2022年1月19日签订的《起重机委托检验协议书》，对其使用的通用桥式起重机进行委托检验。委托检验项目为部分安全保护装置、性能试验以及钢丝绳探伤与检查，验证设备是否符合安全技术规范及相关标准要求。

委托检验参考依据：

1.《起重机械定期检验规则》（TSG Q7015—2016）

2.《起重机械安装改造重大修理监督检验规则》（TSG Q7016—2016）

3.《起重机 钢丝绳 保养、维护、检验和报废》（GB/T 5972-2016）

二、委托检验内容

依据双方签订的《起重机委托检验协议书》附件2，本次检验内容包括：部分安全保护装置检查（起重量限制器、起升高度限位器、运行机构行程限位器、缓冲器和端部止档、紧急停止开关、联锁保护装置）、性能试验（空载试验、额定载荷试验、静载试验、动载试验）、钢丝绳探伤与检查等。

各项目检验结果见本报告附件1。

三、起重机械主要参数表

规格型号	QD125/20-16.5A5	工作级别	A5
额定起重量	125 t	跨度	16.5 m
制造日期	1978年03月02日	产品编号	71-8-9
制造单位	上海起重运输机械厂		
改造单位	新乡市起重机厂有限公司		
设备代码	41103213212001120008		

四、检验过程和主要仪器设备

检验小组于2022年01月20日对江苏省皂河抽水站通用桥式起重机进行委托检验，检验内容依照《起重机委托检验协议书》附件2施行。至2022年01月26日，检验人员通过对现场检验数据进行技术分析，提出检验意见和建议，完成全部委

1

托检验工作。

检验现场使用的主要仪器设备如下：

钳形电流表、综合气象仪、全站仪、放大镜、宽钳口游标卡尺、钢丝绳探伤测试仪。

五、起重机械检验意见

该起重机在本次委托检验过程中，共发现安全隐患 2 条，其中第 1 项为不符合项，需采取有效措施进行整改；第 2 项建议在以后的日常维护工作中，加强保养与检查。

序号	问题描述	可能产生的后果	对策与措施
1	起重量限制器无法准确反应实际载荷量，无法在超载时及时动作	当起吊载荷超过额定载重量时，无法报警并断电，造成制动器、起升机构、电气装置等损坏。	调整或更换
2	钢丝绳内部存在断丝，但未达到相应报废标准。	钢丝绳寿命减少，严重时无法满足额定承载能力，造成设备损坏。	加强钢丝绳检查与保养

六、检验建议

综合考虑上述各方面意见，为了提高起重机械的安全性，满足抽水站机组检修需求，检验组建议：

1. 调整或更换起重量限制器；

2. 在日常维护工作中加强钢丝绳检查与保养。

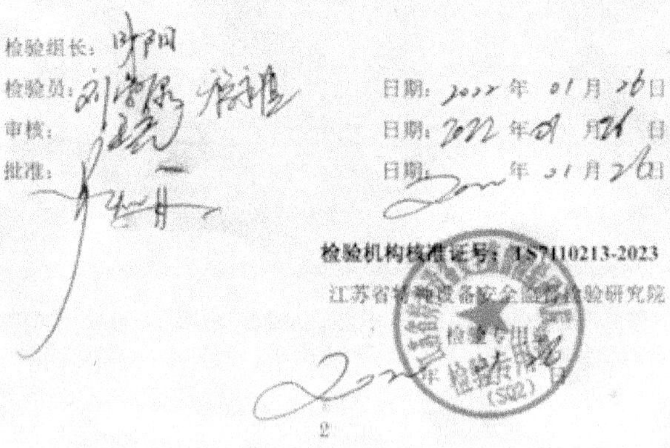

检验组长：

检验员：　　　　日期：　年　月　日

审核：　　　　日期：　年　月　日

批准：　　　　日期：　年　月　日

检验机构核准证号：TS7110213-2023

江苏省特种设备安全监督检验研究院

2

图 2.6　行车检测报告

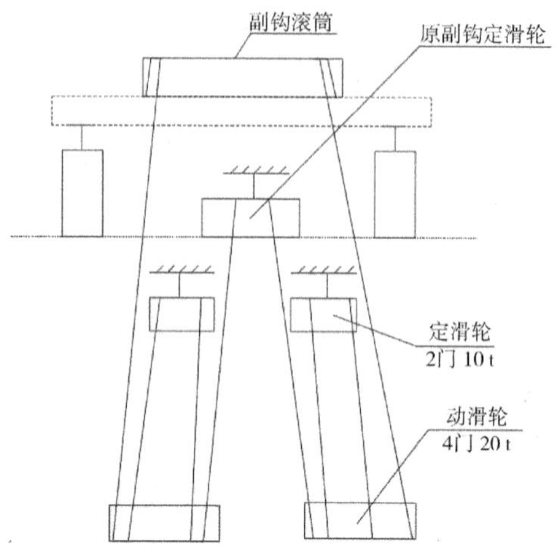

图 2.7 副钩装置改造

副钩改造工具:定滑轮 2 只,动滑轮 2 只,ϕ80 mm 圆钢 2 根。

图 2.8 叶轮头翻身

2.3 布置施工场地

2.3.1 施工现场分区

(1) 检修区

电机层 2 号主机周边设置围栏与 1 号主机、控制室、副厂房(高开室等设备间)隔离,保障基本巡视通道。隔离采用施工隔离板(见图 2.9);1 号机西侧检修通道设工程简介、横道图、流程图、质量要求等工程概况的介绍展板;1 号机南侧设安全管理制度、安全责任公示牌等安全、文明施工标牌(见图 2.10)。

图 2.9　施工现场隔离

图 2.10　施工展板

(2) 工具区

设在检修区内,靠西侧工具柜位置,常用工具应摆放在工具架上,分类摆放整齐,并相应编号(见图 2.11)。

(3) 装卸区

主要放置拆卸吊出的一些部件以及枕木、钢丝绳、吊带等吊装工具。

(4) 物料区

放置一些油料、耗材等大型工器具等,布置 8 公斤灭火器 6 只。

图 2.11 工具架

(5) 联轴层

自楼梯口到 2 号机坑周边设置围栏，隔离 2 号机坑与周边的辅机设备。

(6) 其他

通铺 PVC 防滑垫，可能坠落或搬运重物处加木工板保护地面，施工通道地面防滑垫上张贴施工通道指示地贴。

厂房南门、北门分别设置安全帽柜，放置安全帽，进入施工现场人员必须佩戴安全帽。

2.3.2 检修通道

大修施工人员统一从北侧检修间大门进出泵站，走浅色箭头路线进出检修现场，进入联轴层走电机层南侧楼梯上下。

图 2.12 检修通道

2.3.3 巡视通道

运行、排水、值班人员巡视统一从南侧大门进出泵站，走深色箭头路线进出设备间巡视检查，进入联轴层走电机层北侧楼梯上下。

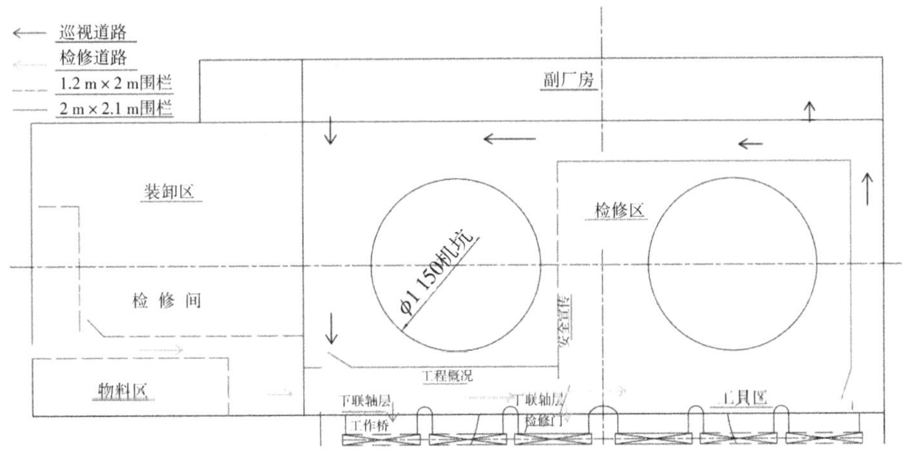

图 2.13 巡视通道图

2.4 收集技术资料

2.4.1 运行情况

(1) 历年抽水量及台时

皂河站 2012 年 5 月 31 日试运行验收，到 2022 年 9 月底，2 号主机运行 11 767 台时，累计抽水量约 26.58 亿 m³。皂河站自 1986 年投运以来至 2022 年 12 月 31 日 24 时，已安全运行 83 705 台时，累计抽水量约 193.85 亿 m³。

表 2.3 2 号主机运行台时及抽水量

序号	年份	2 号机运行台时(h)	2 号机运行抽水量(亿 m³)
1	2011	55	0.14
2	2012	284	0.66
3	2013	421.3	1.00
4	2014	1 460	3.89

续表

序号	年份	2 号机运行台时(h)	2 号机运行抽水量(亿 m^3)
5	2015	1 515	4.00
6	2016	1 781	4.00
7	2017	837	1.10
8	2018	1 259.5	2.09
9	2019	1 808	4.29
10	2020	817	2.00
11	2021	613	1.38
12	2022	971	2.17
13	合计	11 822	26.72

(2) 运行中存在问题及处理方式

①机组运行中,叶调机构油泄漏量过大,储能罐补油频繁;大修处理。

②机组在小流量运行时,振动噪音增大;大修处理。

③顶盖排水系统潜水泵排水管脱落;排水管连接处紧固。

④转速表数值显示错误;更换转速表或传感器。

⑤上油缸冷却器渗漏;冷凝管更换。

⑥主、备 PLC 之间通信故障,2 号机 M60 保护与上位机和 PLC 的通信故障,无法正确读取温度数据;重新启动。

⑦储能罐压力传感器显示与现场仪表存在误差;需重新校准。

⑧上位机主工控机主板硬盘接口损坏,导致上位机不能开机;接口更换。

2.4.2 日常检查保养情况

根据主机组的实际运行情况、设计文件、设备评定分级结果、日常维修养护经验,合理及时地安排维修保养。设备的维修保养以定期为主,形成一套定期维修保养、状态维修养护、改进性维修保养、故障性维修保养机制。做到"该修必修、该换必换、该试必试"。

(1) 对主机外壳的维修保养:确保主机外壳表面干净、整洁,外壳油漆颜色应符合《水闸泵站标志标牌规范》(DB32/T 3839—2020)要求,油漆平滑、美观。

(2) 碳刷的维修保养:检查碳刷磨损是否在规定范围内;弹簧压力是否正常;滑环室内有无油污、灰尘;确保各碳刷压力符合要求,开机运行期间,碳刷稳定,无打火现象。

图 2.14　下油缸上端盖密封检查

图 2.15　碳刷磨损情况对比

图 2.16 更换碳刷

(3) 定子绕组端部维修保养：用专用绝缘清洗剂均匀喷洒绕组端部及引接线，用柔软的布轻轻擦洗污渍，清洗后用高压风吹干；测试绕组绝缘电阻，并定期对其进行绝缘测试，吸收比应大于 1.3。

(4) 水泵顶盖维护保养：对水泵顶盖表面进行除尘，用扳手紧固各道连接螺丝，确保水泵各道密封良好无渗漏。

(5) 空气围带及顶盖排水系统维护保养：检查空气围带压力，调整至规定范围内；定期清洁潜水泵、浮子等表面油污、灰尘；定期调试浮子，使上下移动顺畅；紧固潜水泵水管接口；确保空气围带压力正常，止水效果良好；浮子位置正常，能够顺利启动潜水泵；潜水泵排水正常，管道无渗漏脱落等现象。

2.4.3 2010—2012 年加固改造情况

皂河站机组更新改造工作启动，2010 年 7 月 6 日厂家开始制造水泵部件，2010 年 10 月 2 号机组开始解体，施工单位按照水泵检修标准对水泵进行检修，2011 年 5 月完成 2 号机组试运行。在此期间完成了主电机定子线圈、磁极、主电机上油冷却器、主电机下油冷却器、主电机液压减载装置、机坑冷却器水管及部分自动化元件的更新工作；根据更新、改造过程中的电气试验结果，更新后的电机符合相关标准；油缸试验满足要求。更新改造后，机组运行平稳，技术性能满足设计要求。

表 2.4　2 号机组油缸拆前试验记录

日期:2011 - 1 - 26

序号	试验项目	试验要求	试验记录
1	油缸转子体启动压力	油缸压力 0.2 MPa,油缸转子体开始转动,测量动作时间	油缸压力 0.2 MPa,油缸转子开始转动,行程时间 240 s
2	油缸转子体顺时针转动	调整供油压力,油缸转子体顺时针转动至靠足,测量动作压力和转动时间	稀油站压力 2.5 MPa,油缸转子体顺时针转动至靠足时间 156 s
3	油缸转子体逆时针转动	调整供油压力,油缸转子体逆时针转动至靠足,测量动作压力和转动时间	稀油站压力 2.5 MPa,油缸转子体逆时针转动至靠足时间 155 s
4	油缸转子体顺时针转动泄漏量	将油缸转子体顺时针转动至靠足,调整供油压力至 2.5 MPa,测量泄漏量	稀油站压力 2.5 MPa,油缸压力 2.0 MPa,泄流量 34 kg/min (39 L/min)
5	油缸转子体逆时针转动泄漏量	将油缸转子体逆时针转动至靠足,调整供油压力至 2.5 MPa,测量泄漏量	稀油站压力 2.5 MPa,油缸压力 1.8 MPa,泄流量 35 kg/min (40 L/min)
6	油缸转子体顺时针转动泄漏量	将油缸转子体顺时针转动至靠足,调整供油压力至 2.0 MPa,测量泄漏量	稀油站压力 2.0 MPa,油缸压力 1.7 MPa,泄流量 29.5 kg/min (34 L/min)
7	油缸转子体逆时针转动泄漏量	将油缸转子体逆时针转动至靠足,调整供油压力至 2.0 MPa,测量泄漏量	稀油站压力 2.0 MPa,油缸压力 1.5 MPa,泄流量 30 kg/min (34.5 L/min)
8	油缸转子体顺时针转动泄漏量	将油缸转子体顺时针转动至靠足,调整供油压力至 1.5 MPa,测量泄漏量	稀油站压力 1.5 MPa,油缸压力 1.3 MPa,泄流量 22 kg/min (25 L/min)
9	油缸转子体逆时针转动泄漏量	将油缸转子体逆时针转动至靠足,调整供油压力至 1.5 MPa,测量泄漏量	稀油站压力 1.5 MPa,油缸压力 1.1 MPa,泄流量 24 kg/min (27.5 L/min)
10	油缸转子体顺时针转动泄漏量	将油缸转子体顺时针转动至靠足,调整供油压力至 3.0 MPa,测量泄漏量	稀油站压力 3.0 MPa,油缸压力 2.5 MPa,泄流量 38 kg/min (43.7 L/min)
11	油缸转子体逆时针转动泄漏量	将油缸转子体逆时针转动至靠足,调整供油压力至 3.0 MPa,测量泄漏量	稀油站压力 3.0 MPa,油缸压力 2.5 MPa,泄流量 44 kg/min (50.6 L/min)
12	缸盖变形量	供油压力 2.5 MPa,测量缸盖变形	缸盖变形 0.02 mm

表 2.5　2 号机组油缸改造过程中试验记录

日期:2011 - 2 - 17

序号	试验项目	试验要求	试验记录
1	油缸转子体启动压力	油缸压力 0.2 MPa,油缸转子体开始转动,测量动作时间	油缸压力 0.2 MPa,油缸转子体开始转动,行程时间 240 s
2	油缸转子体顺时针转动	调整供油压力,油缸转子体顺时针转动至靠足,测量动作压力和转动时间	油缸压力 2.5 MPa,油缸转子体顺时针转动至靠足时间为 137 s
3	油缸转子体逆时针转动	调整供油压力,油缸转子体逆时针转动至靠足,测量动作压力和转动时间	油缸压力 2.5 MPa,油缸转子体逆时针转动至靠足时间为 135 s
4	油缸转子体顺时针转动泄漏量	将油缸转子体顺时针转动至靠足,调整供油压力至 2.5 MPa,测量泄漏量	油缸压力 2.5 MPa,泄流量 39 kg/min(44.8 L/min)
5	油缸转子体逆时针转动泄漏量	将油缸转子体逆时针转动至靠足,调整供油压力至 2.5 MPa,测量泄漏量	油缸压力 2.5 MPa,泄流量 41 kg/min(47.1 L/min)
6	油缸转子体顺时针转动泄漏量	将油缸转子体顺时针转动至靠足,调整供油压力至 2.0 MPa,测量泄漏量	油缸压力 2.0 MPa,泄流量 34 kg/min(39.1 L/min)
7	油缸转子体逆时针转动泄漏量	将油缸转子体逆时针转动至靠足,调整供油压力至 2.0 MPa,测量泄漏量	油缸压力 2.0 MPa,泄流量 33 kg/min(37.9 L/min)
8	油缸转子体顺时针转动泄漏量	将油缸转子体顺时针转动至靠足,调整供油压力至 1.5 MPa,测量泄漏量	油缸压力 1.5 MPa,泄流量 26 kg/min(29.9 L/min)
9	油缸转子体逆时针转动泄漏量	将油缸转子体逆时针转动至靠足,调整供油压力至 1.5 MPa,测量泄漏量	油缸压力 1.5 MPa,泄流量 26 kg/min(29.9 L/min)
10	缸盖变形量	供油压力 2.5 MPa,测量缸盖变形	油缸压力 2.5 MPa,缸盖变形量 0.02 mm

表 2.6　2 号机组油缸改造后试验记录

日期:2011 - 3 - 5

序号	试验项目	试验要求	试验记录
1	油缸转子体顺时针转动	调整供油压力,油缸转子体顺时针转动至靠足,测量动作压力和转动时间	动作压力 2.0 MPa,转动时间 148 s

续表

序号	试验项目	试验要求	试验记录
2	油缸转子体逆时针转动	调整供油压力，油缸转子体逆时针转动至靠足，测量动作压力和转动时间	动作压力 2.0 MPa，转动时间 145 s
3	油缸转子体顺时针转动泄漏量	将油缸转子体顺时针转动至靠足，调整供油压力至 2.5 MPa，测量泄漏量	油缸压力 2.5 MPa，泄流量 33 kg/min(37.9 L/min)
4	油缸转子体逆时针转动泄漏量	将油缸转子体逆时针转动至靠足，调整供油压力至 2.5 MPa，测量泄漏量	油缸压力 2.5 MPa，泄流量 30 kg/min(34.5 L/min)
5	油缸转子体顺时针转动泄漏量	将油缸转子体顺时针转动至靠足，调整供油压力至 2.0 MPa，测量泄漏量	油缸压力 2.0 MPa，泄流量 26 kg/min(29.9 L/min)
6	油缸转子体逆时针转动泄漏量	将油缸转子体逆时针转动至靠足，调整供油压力至 2.0 MPa，测量泄漏量	油缸压力 2.0 MPa，泄流量 25 kg/min(28.7 L/min)
7	油缸转子体顺时针转动泄漏量	将油缸转子体顺时针转动至靠足，调整供油压力至 1.5 MPa，测量泄漏量	油缸压力 1.5 MPa，泄流量 21 kg/min(24.1 L/min)
8	油缸转子体逆时针转动泄漏量	将油缸转子体逆时针转动至靠足，调整供油压力至 1.5 MPa，测量泄漏量	油缸压力 1.5 MPa，泄流量 19 kg/min(21.8 L/min)

表 2.7 水泵检修标准和要求

部件名称	材料试验项目	材料标准	制造过程与最终检验试验项目	试验标准	主要检测仪器	备注
叶片	ZG0Cr13Ni4Mo机械性能和化学成分	GB 2100—80《不锈耐酸钢铸件技术条件》	主要尺寸、叶片型线、安放角过流表面粗糙度检查，无损探伤检查及硬度检查	JB/T 5413—2007《混流泵、轴流泵开式叶片验收技术条件》和GB/T 13008—2010《混流泵、轴流泵 技术条件》	1. 化学分析仪器； 2. WE300 万能材料试验机； 3. CLJG2500 单臂三维极柱坐标测量机； 4. XCY-1 型粗糙度测量仪； 5. 着色探伤； 6. HLN-11 系列里氏硬度计	提供检验原始资料和报告
轮毂	ZG 机械性能和化学成分	GB/T 11352—2009《一般工程用铸造碳钢件》	主要尺寸及过流表面粗糙度检查，无损探伤检查	JB/T 5413—2007《混流泵、轴流泵开式叶片验收技术条件》，GB/T 10969—2008《水轮机通流部件技术条件》	1. 化学分析仪器； 2. WE300 万能材料试验机； 3. XCY-1 型粗糙度测量仪； 4. 着色探伤	
叶轮部件			叶轮静平衡试验，操作机构检查，叶片密封耐压试验，与主轴的装配同心度检查	IEC193No. 1—1977 和 IEC492—1976 ISO1940—73(不低于 G6.3 级)	1. 静平衡试验机； 2. 耐压试验装置； 3. 百分表	
泵轴	泵轴修复		主要尺寸检查，与叶轮部件的装配、同心度检查	GB/T 13008—2010《混流泵、轴流泵 技术条件》 JB/T 1581—96《汽轮机、汽轮发电机转子和主轴锻件超声波探伤方法》	1. 百分表； 2. XCY-1 型粗糙度测量仪	

续表

部件名称	材料试验项目	材料标准	制造过程与最终检验和试验项目	试验标准	主要检测仪器	备注
主轴连接螺栓	35Cr-Mo 锻钢机械性能和化学成分	GB/T 3077—1999《合金结构钢》	主要尺寸及表面粗糙度检查，无损探伤检查及硬度检查	GB/T 13008—2010《混流泵、轴流泵 技术条件》	1. 化学分析仪器； 2. WE300 万能材料试验机； 3. XCY－1 型粗糙度测量仪； 4. TS－2028C 数显式超声波探伤仪； 5. HLN－11 系列里氏硬度计	提供检验原始资料和报告
主水泵其他零部件			各零部件几何尺寸、形状与位置公差、表面粗糙度检查、总的预装配检查	GB/T 13008—2010《混流泵、轴流泵 技术条件》	1. XCY－1 型粗糙度测量仪； 2. 百分表等	

图 2.17　定子线圈成品(出厂前)

图 2.18　定子线圈(绝缘后)

图 2.19　转子线圈

图 2.20　成品磁极

2.4.4　2020—2022 年度主电机试验报告

2020—2022 年度主电机试验项目主要有绕组的绝缘电阻和吸收比、绕组的直流电阻及定子绕组泄漏电流和直流耐压试验；试验结论均为合格。具体见图 2.21 至图 2.23。

江苏宿迁水利综合开发实业公司

高压同步电动机预防性试验报告

1 设备铭牌

工程名称	皂河抽水站	设备名称	2#主电机	安装位置	主[illegible]房
设备型号	TL7000-80/7400	额定功率	7000 kW	接线方式	Y
额定电压	10 kV	额定电流	475 A	定子绝缘	/
励磁电压	240 V	励磁电流	495 A	转　　速	75 r/min
制造厂名	上海电机厂		出厂编号	TDL7080-2	
出厂日期	1979.12		投运日期	1985.7	
备　　注					

2 试验项目

2.1 绕组的绝缘电阻（MΩ）和吸收比　　日期:2020.12.22　温度:13℃　湿度:30%

相别	R_{15}	R_{60}	R_{600}	吸收比	极化指数
A—B.C.地	2821	5190		1.84	
B—A.C.地	1955	3930		2.01	
C—B.A.地	2120	3880		1.83	
转子—转轴.地	335		结　果	合格	
使用仪器	MIT515绝缘电阻测试仪		仪器编号		
备　　注					

2.2 绕组的直流电阻（MΩ）　　日期:2020.12.22　温度:13℃　湿度:30%

项目	A一分支	A二分支	B一分支	B二分支	C一分支	C二分支	分支差(%)	膛温(℃)
定子直阻	211.8	211.5	212.0	211.8	211.9	211.4	0.19	13
转子直阻	325.9	基差（%）		转子温度(℃)	13	结果	合格	
使用仪器	直流电阻测试仪			仪器编号				
备　　注								

2.3 定子绕组泄漏电流（μA）和直流耐压试验　日期:2020.12.22　温度:13℃　湿度:30%

项目	0.5U	1.0U	1.5U	2.0U	2.5U	3.0U	结果
电压kV，1min	5	10	15	20	/	/	合格
A—B.C.地	3	3.8	5	7	/	/	
B—A.C.地	2	4	6	8	/	/	
C—B.A.地	2	3	4.2	7	/	/	
使用仪器	ZGS-200kV/3mA直流高压发生器			仪器编号			
备　　注							

3 试验结论

结　论	合格
备　注	

主管：　　审核：　　试验人员：

第 3 页　共 54 页

图 2.21　2020 年预防性试验

江苏省骆运水利工程管理处

高压同步电动机预防性试验报告

1 设备铭牌

工程名称	皂河抽水站	设备名称	2#主电机	安装位置	主厂房
设备型号	TL7000-80/7400	额定功率	7000 kW	接线方式	YY
额定电压	10 kV	额定电流	475 A	定子绝缘	/
励磁电压	240 V	励磁电流	495 A	转 速	75 r/min
制造厂名	上海电机厂		出厂编号	TDL7080-2	
出厂日期	1979.12		投运日期	1985.7	
备 注					

2 试验项目

2.1 绕组的绝缘电阻（MΩ）和吸收比 日期:2021.10.13 温度:18℃ 湿度:52%

相别	R_{15}	R_{60}	吸收比	结 果
A—B.C.地	1278	2710	2.12	合格
B—A.C.地	973	1673	1.72	
C—B.A.地	987	1708	1.73	
转子—转轴.地	353		（500V档）	
使用仪器	MIT515绝缘电阻测试仪（2500V档、500V档）		仪器编号	100041
备 注	500kW及以上测吸收比【标准：定子R_{60}≥10MΩ；转子R_{60}≥0.5MΩ；沥青浸胶及烘卷云母绝缘吸收比≥1.3】			

2.2 绕组的直流电阻（MΩ） 日期:2021.10.13 温度:18℃ 湿度:52%

项目	A一分支	A二分支	B一分支	B二分支	C一分支	C二分支	分支差(%)	膛温(℃)
定子直阻	222.7	222.6	222.9	222.7	222.7	222.5	0.18	18
转子直阻	343.6			转子温度℃	18	结果	合格	
使用仪器	HCR3102A直阻测试仪				仪器编号	100062		
备 注	3kV及以上或100kW及以上做此项目。【标准：(最大相差/最小相)≤2%；注意历年变化							

2.3 定子绕组泄漏电流（μA）和直流耐压试验 日期: 温度: 湿度:

项目	0.5U	1.0U	1.5U	2.0U	结 果
电压kV，1min	/	/	/	/	
A—B.C.地	/	/	/	/	/
B—A.C.地	/	/	/	/	
C—B.A.地	/	/	/	/	
使用仪器	/		仪器编号	/	
备 注	3kV及以上且500kW及以上做此项目，试验周期为3年，2020年12月已做。【标准：泄漏电流相间差别不宜大于最小值的100%，泄漏电流为20μA以下者不作规定】				

3 试验结论

结 论	合格
备 注	

主管：古振伟 审核：朱佳佳 试验人员：陈勇 马晓

第 3 页 共 57 页

图 2.22 2021 年预防性试验

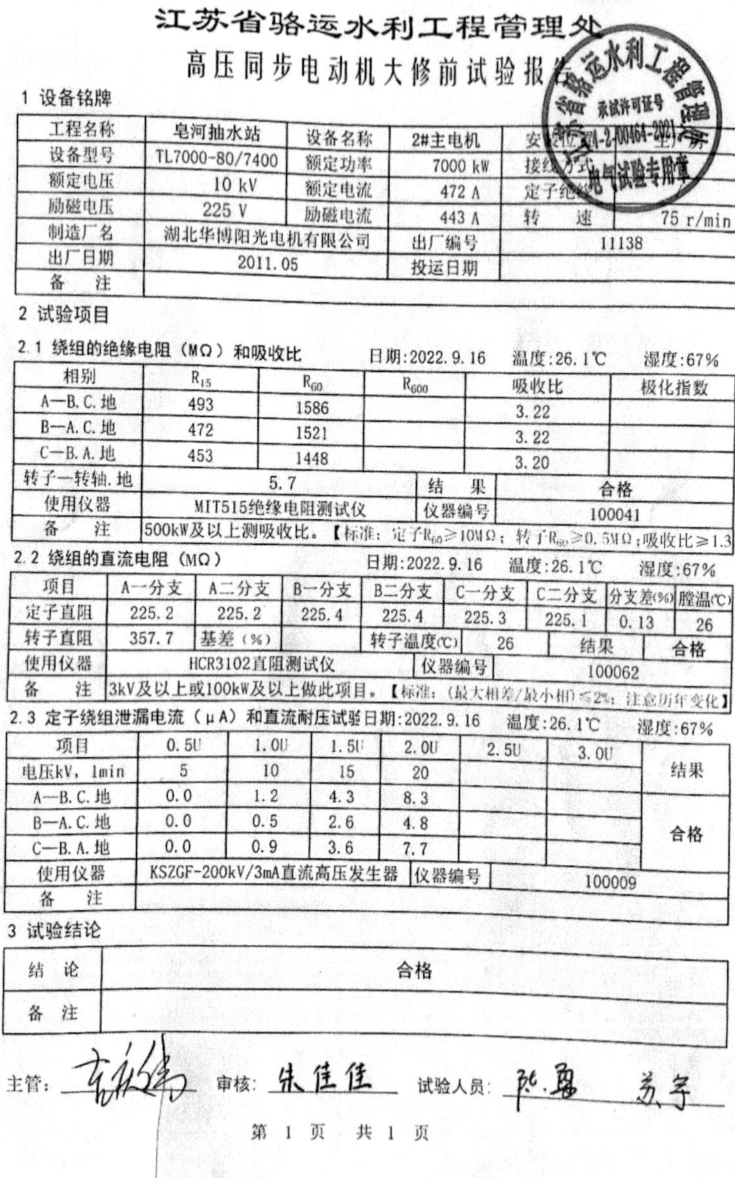

江苏省骆运水利工程管理处

高压同步电动机大修前试验报告

1 设备铭牌

工程名称	皂河抽水站	设备名称	2#主电机	安[illegible]	[illegible]
设备型号	TL7000-80/7400	额定功率	7000 kW	接线方式	[illegible]
额定电压	10 kV	额定电流	472 A	定子绝缘	[illegible]
励磁电压	225 V	励磁电流	443 A	转　　速	75 r/min
制造厂名	湖北华博阳光电机有限公司		出厂编号	11138	
出厂日期	2011.05		投运日期		
备　　注					

2 试验项目

2.1 绕组的绝缘电阻（MΩ）和吸收比　　日期:2022.9.16　温度:26.1℃　湿度:67%

相别	R_{15}	R_{60}	R_{600}	吸收比	极化指数
A—B.C.地	493	1586		3.22	
B—A.C.地	472	1521		3.22	
C—B.A.地	453	1448		3.20	
转子—转轴.地	5.7		结　果	合格	
使用仪器	MIT515绝缘电阻测试仪		仪器编号	100041	
备　　注	500kW及以上测吸收比。【标准：定子R_{60}≥10MΩ；转子R_{60}≥0.5MΩ；吸收比≥1.3				

2.2 绕组的直流电阻（MΩ）　　日期:2022.9.16　温度:26.1℃　湿度:67%

项目	A一分支	A二分支	B一分支	B二分支	C一分支	C二分支	分支差(%)	膛温(℃)
定子直阻	225.2	225.2	225.4	225.4	225.3	225.1	0.13	26
转子直阻	357.7	基差（%）		转子温度(℃)	26	结果	合格	
使用仪器	HCR3102直阻测试仪			仪器编号	100062			
备　　注	3kV及以上或100kW及以上做此项目。【标准：（最大相差/最小相）≤2%；注意历年变化】							

2.3 定子绕组泄漏电流（μA）和直流耐压试验日期:2022.9.16　温度:26.1℃　湿度:67%

项目	0.5U	1.0U	1.5U	2.0U	2.5U	3.0U	结果
电压kV，1min	5	10	15	20			
A—B.C.地	0.0	1.2	4.3	8.3			合格
B—A.C.地	0.0	0.5	2.6	4.8			
C—B.A.地	0.0	0.9	3.6	7.7			
使用仪器	KSZGF-200kV/3mA直流高压发生器			仪器编号	100009		
备　　注							

3 试验结论

结　论	合格
备　注	

主管：[illegible]　审核：朱佳佳　试验人员：[illegible]　苏宇

第 1 页　共 1 页

图 2.23　2023 年(大修前)预防性试验

2.5　大修相关事项

2.5.1　大修前注意事项

(1) 通过查阅技术档案、与运行管理人员交流，了解主机组运行状况，必要时可通过开机运行了解机组情况与问题。

(2) 大修前编制大修实施方案，针对已发现的问题提前编制好维修方案。

(3) 预先准备和制作大修中所需的专用工具、支架等，提前采购维修所需更换的易损件、密封件以及各类辅助材料工具等。

(4) 需要运出站外修理的部件事先联系好加工单位，商讨加工工期与价格。

(5) 进行技术交底、安全交底，组织学习规程规范、规章制度、大修内容以及注意事项等。

(6) 机组大修的场地布置，在考虑各部件的吊放位置时，除需考虑各部件的外部尺寸安排合适的吊放位置外，还应根据部件的重量，考虑地面承载能力及对检修工作面和交叉作业是否影响。

(7) 检查流道排水设备、站房内的桥式起重机和检修门电动葫芦等是否具备使用条件。

(8) 上下游检修闸门如果漏水，需要进行堵漏。

(9) 签订安全协议，明确联系人负责与本次大修安全生产相关的工作。

(10) 断开所有与本次大修相关设备的电源、闸阀，在解体大修前逐一确认。

(11) 机组大修前电气试验。

(12) 规范机组大修施工工作票、操作票管理，做好安全措施。

(13) 施工期间如发生停电，需准备好备用电源。

2.5.2　安全生产相关事项

(1) 进入施工现场的人员，应遵守安全操作规程及安全生产管理制度，特殊工种施工人员应持证上岗，全体施工人员应树立“安全第一”的思想，各级管理部门应将安全生产列入议事日程，形成齐抓共管的局面，制定切实可行的安全施工奖惩办法。

(2) 安全管理人员必须做好安全日记，每周星期一各班组必须召开安全会议，总结上周的安全工作，消除不安全因素，并布置本周安全工作任务。

(3) 工具、设备使用前必须经过检查,确认安全可靠后方可使用。吊装作业前应对吊具、绳索和有关工具进行检验,所有设备及吊装机具均不得带病及超负荷运行。

(4) 施工现场危险场所、带电设备应设围栏及警示标志。

(5) 进入施工现场人员一律佩戴工作牌,并戴好安全帽,施工现场不准穿拖鞋、高跟鞋、裙子、短裤等。

(6) 施工用临时电源,应设专人维护,架设线路应经电气工程师批准。电动设备应符合安全用电规定,手持电动工具、生活照明线路上设置漏电保护器,夜间施工应有足够的照明并设置夜间施工应急照明。

(7) 物资、设备根据性质、类别进行分类保管,易燃、易爆及有害危险物资进行单独保管。配备足够的消防器材,并定期检查,保证消防器材完好。

(8) 交叉作业时,协调好施工作业计划,采取足够可靠的安全措施方可进入,作业人员必须遵守交叉作业的各项安全规定。

2.5.3 文明施工相关事项

(1) 加强精神文明建设,争创文明建设工地。生活区搞好环境卫生,实行区域卫生包干、责任到人。

(2) 施工现场设备、材料堆放整齐、有序,做到工完场清,确保施工现场清洁。

(3) 通过开展创建文明工地的活动,激发全体员工的爱岗敬业精神和劳动积极性,使全体员工在参与中受到教育和启发。

2.5.4 运输作业相关事项

(1) 运输前,根据有关规则、规定和设备到货资料、现场具体情况制定运输方案,提交审查批准后,进行技术交底,落实安全措施,在实施过程中,严格按照批复方案执行。

(2) 参与施工的起重工、起重机械操作人员、电工、电焊工等属特种作业人员,必须持证上岗。

(3) 凡参加运输、吊装人员,要明确责任,掌握本工种的应知应会及操作规程,运输、起重、搬运必须专人指挥,严禁多人指挥,指挥信号必须采用水电系统起重通用的统一信号,信号应清晰、明确、果断。

(4) 凡用于起重运输的车辆、机具、绳索、器材、吊具等,在投入使用前必须详细检查、调试及检验,由专职工程师组织质检员、安全员共同鉴定,确认合格,方可使用。

(5) 设备在运输途中，应有专人护送，安全责任人随车押运，在弯道、交叉路口、桥梁处，应在安全负责人、技术人员监护下通过，进入卸车位置由其指挥引导车辆行走，运输途中严格控制车速，在弯道、交叉路口、桥梁处限速 5 km/h。

(6) 设备和材料在工地交接验收、起重、运输、存放，必须按技术文件或设备上标示的要求操作，对技术指导人员在专业技术上的指导、检查和监督，应遵照执行。

2.5.5　装卸作业相关事项

(1) 卸车时，工作现场负责人必须事先了解设备的形状、重心位置、运输重量等参数，在保证设备质量与运输安全的前提下，根据产品和包装特点，选择合适的装运工具。专用吊具的使用及安装位置必须正确，根据设备运输的特殊要求，结合现场的情况，采取具体的措施。

(2) 吊点位置的选择必须符合厂家规定，如没有注明位置时，应保持受力位置的安全可靠。

(3) 设备在平板车上搁置时，必须保持设备重心对准平板车承压中心，平板与设备间必须采用防滑支垫。

(4) 在使用钢丝绳对设备进行缠绕起吊和捆绑时，钢丝绳与设备接合处采取支垫保护措施，精密光滑设备起吊时，使用合适的化纤尼龙起吊带。现场临时搁置设备时，用枕木或其他材料支垫，吊装作业时，避免与其他物体碰撞。

2.5.6　起吊作业相关事项

(1) 起吊作业应遵守水电行业惯例统一的吊装指挥旗语、手势、哨音信号，信号指挥人员与操作司机要精力集中，动作准确，在提升负荷离地面 200～300 mm 时，停车检查所吊物体的平衡性及索具受力是否均匀，吊车的制动机构是否可靠，吊车回转方向时，应在物体上系挂防旋绳，严禁斜拉歪吊。

(2) 起吊时，钢丝绳或吊带在吊钩上的夹角应不大于 60°，且保证选用的钢丝绳有 6～8 倍以上的安全系数。

(3) 起吊运输前先确定重心位置，选择吊点，吊车大钩置于重心上部，吊装索具挂设完成后，钢丝绳与设备接触部位加垫保护层，方可起吊。在专人指挥、专人监护的情况下，试吊两次，检查索具和吊车的工作状况，确认安全可靠后，再进行起吊作业。

(4) 在起吊的工作范围内，不得有闲杂人员停留，吊物下面严禁站人和通过，更不允许在吊物下面工作，当重物悬挂在空中时，司机不得离开工作岗位。

(5) 起吊作业前，司机或检修人员必须仔细检查吊车各项性能是否良好，重大件吊装时，吊车上机械部分、电气部分必须有专人监护，制动器由专人负责，安排安全监督人员和有经验的司机进行操作监护，确保准确无误。

2.5.7 检修工艺与质量要求

(1) 水泵叶轮和叶轮室

a. 叶片的检修工艺和质量要求应符合表 2.8 的规定。

表 2.8 叶片的检修工艺和质量要求

检修工艺	质量要求
1. 检查叶片汽蚀情况：用软尺测量汽蚀破坏相对位置；用稍厚白纸拓图测量汽蚀破坏面积；用探针或深度尺等测量汽蚀破坏深度；用胶泥涂抹法和称重比例换算法测量失重。	1. 符合要求。
2. 叶片汽蚀的修补：用抗汽蚀材料修补，靠模砂磨。	2. 表面光滑，叶型线与原叶型一致。
3. 叶片称重。	3. 叶片称重，同一个叶轮的单个叶片重量允许偏差为该叶轮叶片平均重量的±3%(叶轮直径小于 1 m)或±5%(叶轮直径大于等于 1 m)。

b. 叶轮室的检修工艺和质量要求应符合表 2.9 的规定。

表 2.9 叶轮室的检修工艺和质量要求

检修工艺	质量要求
1. 检查叶轮室汽蚀情况：用软尺测量汽蚀破坏位置；用稍厚白纸拓图测量汽蚀破坏面积；用探针或深度尺等测量汽蚀破坏深度。	1. 符合要求。
2. 叶轮室汽蚀修补：用抗汽蚀材料修补，靠模砂磨。	2. 表面光滑，靠模检查基本符合原设计要求。
3. 检查叶轮室组合面有无损伤，更换密封垫；测量叶轮室内径，检查组合后的叶轮室内径圆度。	3. 叶轮室内径圆度，按上、下止口位置测量，所测半径与平均半径之差不应超过叶片与叶轮室设计间隙值的±10%。

c. 全调节水泵叶轮体的检修工艺和质量要求应符合表 2.10 的规定。

表 2.10 全调节水泵叶轮体的检修工艺和质量要求

检修工艺	质量要求
1. 检查叶轮体内的叶片调节操作机构损伤、锈蚀、磨损情况，严重的应修复。	1. 无损伤、锈蚀、磨损。

续表

检修工艺	质量要求
2. 检查各部密封有无变形、老化、损坏现象，有变形、老化、损坏的，应更换处理。	2. 无变形、老化、损坏。
3. 检查活塞环磨损情况，磨损严重的应更换。	3. 符合设计要求。
4. 检查叶片根部压环与弹簧是否良好，若有缺陷应更换。	4. 应完好。
5. 检查各部轴套磨损程度，磨损严重的应更换。	5. 符合设计要求。
6. 对叶轮轮毂进行严密性耐压和接力器动作试验，制造厂无规定时，可采用压力 0.5 MPa，保持 16 h，油温不低于 5℃，在试验过程中操作叶片全行程动作 2 次，检查漏油量应符合要求。	6. 各组合缝无渗漏，每只叶片密封装置无漏油，试验应合格；叶片调节接力器应动作灵活。

d. 叶轮体静平衡试验的检修工艺和质量要求应符合表 2.11 的规定。

表 2.11　叶轮体静平衡试验的检修工艺和质量要求

检修工艺	质量要求
1. 根据叶轮磨损程度，叶轮体作卧式静平衡试验；将叶轮和平衡轴组装后吊放于水平平衡轨道上，并使平衡轴线与水平平衡轨道垂直。	1. 水平平衡轨道长度宜为 1.25～1.50 m。
2. 轻轻推动叶轮，使叶轮沿平衡轨道滚动；待叶轮静止下来后，在叶轮上方划一条通过轴心的垂直线。	2. 平衡轴与平衡轨道均应进行淬火处理，其 RC=55°～57°，淬火后表面应进行磨光处理。
3. 在这条垂直线上的适当点加上平衡配重块，并换算成铁块重或灌铅重量。	3. 平衡轨道水平偏差应小于 0.03 mm/m，两平衡轨道的不平行度应小于 1 mm/m。
4. 继续滚动叶轮，调整配重块大小或距离（此距离应考虑便于加焊配重块），直到叶轮出现随意平衡位置。	4. 允许残余不平衡重量应符合设计要求。

（2）电机

a. 电机定子的检修工艺和质量要求应符合表 2.12 的规定。

表 2.12　电机定子的检修工艺和质量要求

检修工艺	质量要求
1. 检修前对定子进行试验，包括：测量绝缘电阻和吸收比，测量绕组直流电阻，测量直流泄漏电流，进行直流耐压试验。	1. 符合规范。
2. 定子绕组端部的检修：检查绕组端部的垫块有无松动，如有松动应垫紧垫块；检查端部固定装置是否牢靠、绕组端部及线棒接头处绝缘是否完好、极间连接线绝缘是否良好，如有缺陷，应重新包扎并涂绝缘漆或拧紧压板螺母，重新焊接线棒接头；线圈损坏现场不能处理的应返厂处理。	2. 绕组端部的垫块无松动、端部固定装置牢靠、线棒接头处绝缘完好、极间连接线绝缘良好。

续表

检修工艺	质量要求
3. 定子绕组槽部的检修:线棒的出槽口有无损坏,槽口垫块有无松动,槽楔和线槽是否松动,如有凸起、磨损、松动,应重新加垫条打紧;用小锤轻敲槽楔,松动的应更换;检查绕组中的测温元件有无损坏。	3. 线棒的出槽口无损坏,槽口垫块无松动,槽楔和线槽无松动,绕组中的测温元件完好。
4. 定子铁芯和机座的检修:检查定子铁芯齿部、轭部的固定铁芯是否松动,铁芯和漆膜颜色有无变化,铁芯穿心螺杆与铁芯的绝缘电阻大小;如固定铁芯产生红色粉末锈斑,说明已有松动,须清除锈斑,清扫干净,重新涂绝缘漆;检查机座各部分有无裂缝、开焊、变形,螺栓有无松动,各接合面是否接合完好,如有缺陷应修复或更换。	4. 定子铁芯齿部、轭部的固定铁芯无松动,铁芯和漆膜颜色无变化,铁芯穿心螺杆与铁芯的绝缘电阻应不小于 10 MΩ,机座各部分无裂缝、开焊、变形,螺栓无松动,各接合面接合完好。
5. 清理:用压缩空气吹扫灰尘,铲除锈斑,用专用清洗剂清除油垢。	5. 干净、无锈迹。
6. 干燥:采用定子绕组通电法干燥,先以定子额定电流的 30%预烘 4 h,然后增加定子绕组电流,以 5 A/h 的速率将温度升至 75℃,每小时测温一次,保温 24 h,每班测绝缘电阻一次,然后再以 5 A/h 的速率将温度上升到(105±5)℃,保温至绝缘电阻在 30 MΩ 以上,吸收比大于或等于 1.3 后,保持 6 h 不变。	6. 干燥后绝缘电阻应不小于 30 MΩ,吸收比大于或等于 1.3,保持 6 h 不变。
7. 喷漆及烘干:待定子温度冷却至(65±5)℃时测绝缘电阻合格后,用无水 0.25 MPa 压缩空气吹除定子上的灰尘,然后用绝缘漆淋浇线圈端部或用喷枪在降低压力下喷浇。	7. 表面光亮清洁,绝缘电阻符合要求,喷漆工艺应符合产品使用技术要求。

b. 电机转子的检修工艺和质量要求应符合表 2.13 的规定。

表 2.13　电机转子的检修工艺和质量要求

检修工艺	质量要求
1. 检修前测量转子励磁绕组的直流电阻及其对铁芯的绝缘电阻,必要时进行交流耐压试验,判断励磁绕组是否存在接地、匝间短路等故障。	1. 符合规范。
2. 检查转子槽楔,各处定位、紧固螺钉有无松动,锁定装置是否牢靠,通风孔是否完好,如有松动应紧固。	2. 绕组端部的垫块无松动、端部固定装置牢靠、线棒接头处绝缘完好、极间连接线绝缘良好。
3. 检查风扇环,用小锤轻敲叶片是否松动、有无裂缝,如有应查明原因后紧固或焊接。	3. 无松动、无裂缝。
4. 检查集电环对轴的绝缘及转子引出线的绝缘材料有无损坏,如引出线绝缘损坏,应对绝缘重新进行包扎处理;检查引出线的槽楔有无松动,如松动应紧固引出线槽楔。	4. 引出线槽楔紧固,绝缘符合要求。

续表

检修工艺	质量要求
5. 清理：用压缩空气吹扫灰尘，铲除锈斑，用专用清洗剂清除油垢。	5. 干净、无锈迹。
6. 干燥：采用转子绕组通电法干燥，先以转子额定电流的35%预烘4 h，然后增加转子绕组电流，以10 A/h的速率将温度升至75℃并保温16 h，再以10 A/h的速率将温度上升到(105±5)℃，保温至绝缘电阻在5 MΩ以上，吸收比大于或等于1.3后，保持6 h不变。	6. 干燥后，绝缘电阻应不小于5 MΩ，吸收比大于或等于1.3，保持6 h不变。
7. 喷漆及烘干：方法同定子喷漆及烘干。	7. 表面光亮清洁，绝缘电阻符合要求。

(3) 机组主轴及轴颈

a. 电机主轴与推力头配合的检修工艺和质量要求应符合表2.14的规定。

表2.14　电机主轴与推力头配合的检修工艺和质量要求

检修工艺	质量要求
1. 检查配合面应无损坏，清除配合面油污及毛刺。	1. 配合面无损坏、油污及毛刺。
2. 采用内径千分尺和外径千分尺精确测量电机轴配合面外径和推力头内径尺寸，确定实际配合间隙，配合间隙过松应采用推力头配合面镀铜方法进行修复处理。	2. 符合设计间隙要求。

b. 电机上、下导轴颈的检修工艺和质量要求应符合表2.15的规定。

表2.15　电机上、下导轴颈的检修工艺和质量要求

检修工艺	质量要求
检查上、下导轴颈有无伤痕、锈斑等缺陷，如有应用细油石沾透平油轻磨，消除伤痕、锈斑后，再用透平油与研磨膏混合研磨抛光轴颈。	表面应光滑，粗糙度符合设计要求。

c. 水泵导轴颈的检修工艺和质量要求应符合表2.16的规定。

表2.16　水泵导轴颈的检修工艺和质量要求

检修工艺	质量要求
1. 检查水泵轴颈表面有无伤痕、锈斑等缺陷，如有轻微伤痕应用细油石沾透平油轻磨，消除伤痕、锈斑后，再用透平油与研磨膏混合研磨抛光轴颈。	1. 表面应光滑，粗糙度符合设计要求。

续表

检修工艺	质量要求
2. 水泵轴颈表面有严重锈蚀或单边磨损超过0.10 mm时，应加工抛光；单边磨损超过0.20 mm或原镶套已松动、轴颈表面剥落时，应采用不锈钢材料喷镀或堆焊修复或更换不锈钢套。	2. 符合设计要求。

d. 机组主轴弯曲的检修工艺和质量要求应符合表2.17的规定。

表2.17　机组主轴弯曲的检修工艺和质量要求

检修工艺	质量要求
架设百分表，盘车测量轴线，检查弯曲方位及弯曲程度。如弯曲超标，可采用热胀冷缩原理进行处理，要求严格掌握火焰温度，加热的位置、形状、面积大小及冷却速度，并不断测量；严重时应送厂方维修。	符合原设计要求。

(4) 水泵导轴承

a. 立式油润滑导轴承的检修工艺和质量要求应符合表2.18的规定。

表2.18　立式油润滑导轴承的检修工艺和质量要求

检修工艺	质量要求
1. 检查导轴瓦面磨损程度、接触面积及接触点，不符合要求的，用三角刮刀、弹性刮刀研刮。	1. 接触面积不小于75%，接触点应均匀，每块轴瓦的局部不接触面积，每处不应大于轴瓦面积的5%，油沟方向应符合设计要求。
2. 检查筒式瓦的上、下端总间隙，测量瓦的内径及轴的直径。	2. 总间隙应符合设计要求，圆度及上、下端总间隙之差均不应大于实测平均总间隙的10%。
3. 检查轴瓦有无脱壳、裂纹、硬点、密集气孔等缺陷及烧瓦痕迹，轴瓦缺陷严重的应更换或重新浇铸瓦面。	3. 浇注材料应符合设计要求。

(5) 电机导轴承

a. 电机金属合金上、下导轴承的检修工艺和质量要求应符合表2.19的规定。

表2.19　电机金属合金上、下导轴承的检修工艺和质量要求

检修工艺	质量要求
1. 检查导轴瓦面磨损程度、接触面积及接触点，不符合要求的，用三角刮刀、弹性刮刀研刮。	1. 上导轴承接触面积不小于85%，下导轴承接触面积不小于75%；接触点每平方厘米不少于2点；两边刮成深0.5 mm、宽10 mm的倒圆斜坡。

续表

检修工艺	质量要求
2. 导轴瓦有严重烧灼麻点、烧瓦或脱壳、裂纹的，应更换或重新浇注瓦面。	2. 浇注材料符合设计要求。
3. 对导向瓦架及调整螺栓进行检查和处理。	3. 焊接应牢固，松紧适度、无摆动。
4. 检查绝缘垫、套损伤情况，清洗并烘干，有缺陷的应更换。	4～5. 绝缘电阻应不小于 50 MΩ。
5. 用 500 V 兆欧表测量单只导向瓦的绝缘电阻。	

(6) 推力轴承

a. 立式机组金属合金推力瓦的检修工艺和质量要求应符合表 2.20 的规定。

表 2.20　立式机组推力瓦的检修工艺和质量要求

检修工艺	质量要求
1. 检查推力瓦磨损程度、接触面积、接触点及进油边是否符合要求，不符合的用三角刮刀、弹性刮刀研刮。	1. 接触点每平方厘米不少于 1 点，局部不接触面积每处不大于瓦面积 2%，其总和不大于瓦面积 5%；进油边应在 10 mm 范围内刮成深 0.5 mm 的斜坡并修成圆角；以抗重螺栓为中心，占总面积约 1/4 部位刮低 0.01～0.02 mm，然后在这 1/4 部位中心的 1/6 部位，另从 90°方向再刮低约 0.01～0.02 mm。
2. 推力瓦面有严重烧灼或脱壳等缺陷，更换或重新浇注瓦面。	2. 瓦面材料应符合设计要求。
3. 检查推力瓦缓冲铜垫片是否符合要求，不满足的应更换。	3. 铜垫片凹坑深度应不大于 0.05 mm。

b. 立式机组镜板工作面的检修工艺和质量要求应符合表 2.21 的规定。

表 2.21　立式机组镜板工作面的检修工艺和质量要求

检修工艺	质量要求
1. 采用推力瓦块架设百分表的推移法测量镜板面不平度，有条件的可由立式车床测量镜板面不平度；检查镜板工作面内应无伤痕和锈蚀，镜面粗糙度应符合设计要求；伤痕和锈蚀用细油石沾油研磨，研磨后抛光镜面。	1. 镜板工作面不平度应不大于 0.03 mm，镜面粗糙度应不大于 0.4 μm。
2. 镜板工作面有严重伤痕、锈蚀、斑块，或不平度超标（镜板本体原因），应送厂方修复或更换镜板。	2. 符合设计要求。

c. 立式机组抗重螺栓及推力瓦架的检修工艺和质量要求应符合表 2.22 的规定。

表 2.22 立式机组抗重螺栓及推力瓦架的检修工艺和质量要求

检修工艺	质量要求
1. 架设百分表测量抗重螺栓的最大(双摆)晃动值,过松应进行镀铜处理,镀铜厚度根据测量晃动值确定。	1. 抗重螺栓松紧适度、无摆动,晃动值应不大于 0.05 mm。
2. 检查瓦架板焊接情况,如有裂缝应补焊牢固;组装式瓦架应检查螺栓紧固程度,瓦架与上机架间应无间隙,如有应拆出处理,紧固螺栓。	2. 瓦架与上机架焊接应牢固,组装式螺栓应紧固,瓦架与上机架接触面应无间隙。

d. 立式机组推力轴承绝缘的检修工艺和质量要求应符合表 2.23 的规定。

表 2.23 立式机组推力轴承绝缘的检修工艺和质量要求

检修工艺	质量要求
1. 检查绝缘垫、套损伤情况,清洗并烘干,有缺陷的应更换。	1. 绝缘垫、套应完好,绝缘电阻应不小于 50 MΩ。
2. 在机组安装结束、充油前,应用 500 V 兆欧表测量绝缘电阻。	2. 绝缘电阻值应不小于 5 MΩ。

(7) 电机油缸冷却器

a. 电机油缸冷却器的检修工艺和质量要求应符合表 2.24 的规定。

表 2.24 电机油缸冷却器的检修工艺和质量要求

检修工艺	质量要求
1. 检查冷却器外观。	1. 冷却器外观应无铜绿、锈蚀斑点损伤等。
2. 将冷却器清洗擦抹干净后,进行水压试验,检查应无渗漏,如接头处渗漏水,应用扩管器扩紧,管中有砂孔、裂缝应更换铜管或用银、铜焊补。	2. 冷却器应按设计要求进行耐压试验,如设计部门无明确要求,试验压力宜为 0.35 MPa 保持压力 60 min,无渗漏现象;安装后严密性耐压试验,试验压力应为 1.25 倍额定工作压力,保持压力 30 min,无渗漏现象。
3. 运行中冷却水压正常,瓦温、油位始终偏高的,检查管道是否阻塞。	3. 瓦温、油温应正常。

b. 电机油缸的检修工艺和质量要求应符合表 2.25 的规定。

表 2.25 电机油缸的检修工艺和质量要求

检修工艺	质量要求
1. 油缸应进行煤油渗漏试验。	1. 煤油渗漏试验,保持 4 h 应无渗漏。
2. 安装充油后,发现油缸局部有渗油现象,应紧固密封体或更换密封件,如焊接位置渗油,需放油后重新补焊,并做好安全措施。	2. 充油后,不应渗油。

(8) 电机冷却器

a. 水冷却器的检修工艺和质量要求应符合表 2.26 的规定。

表 2.26　水冷却器的检修工艺和质量要求

检修工艺	质量要求
1. 检查冷却器内有无泥、沙、水垢等杂物，如有应清理管道内附着物，使其畅通。	1. 冷却器内畅通无附着物。
2. 检查密封垫，如老化、破损应更换密封垫；检查散热片外观，不完好的应校正或修焊变形处并进行防腐蚀处理。	2. 完好。
3. 试验、检查有无渗漏水现象；安装前强度耐压试验，应按设计要求的试验压力进行，如设计部门无明确要求，试验压力宜为 0.35 MPa，保持压力 60 min；安装后严密性耐压试验，试验压力应为 1.25 倍额定工作压力，保持压力 30 min。	3. 无渗漏现象。

(9) 水泵叶片调节机构

a. 液压调节机构的检修工艺和质量要求应符合表 2.27 的规定。

表 2.27　液压调节机构的检修工艺和质量要求

检修工艺	质量要求
1. 检查上操作油管，如油管轴颈不光滑或粗糙，应用细油石沾油研磨上操作油管轴颈，消除伤痕、锈斑；检查受油器体的配合情况，配合不良的用三角刮刀研刮受油器体铜套，并研磨、清理。	1. 上操作油管轴颈表面应光滑，粗糙度和铜套的配合符合设计要求，内外腔无窜油。
2. 检查配压阀，活塞应活动自如。	2. 符合设计要求。
3. 安装结束后，对整个叶调系统进行整组试验。	3. 叶片调节自如，内外腔无窜油。
4. 电气部分检查。	4. 控制完好。
5. 传感装置的检修。	5. 装置完好、仪表显示正确。

(10) 励磁系统

a. 有刷励磁系统的检修工艺和质量要求应符合表 2.28 的规定。

表 2.28　有刷励磁系统的检修工艺和质量要求

检修工艺	质量要求
1. 检查碳刷，核对碳刷牌号，需更换的应采用制造厂指定的或经过试验合格的碳刷。	1. 牌号正确，试验合格。
2. 检查碳刷压力，压力不均匀的应调整弹簧压力。	2. 正常压力为 15～25 kPa。

续表

检修工艺	质量要求
3. 碳刷磨短的应更换新碳刷。	3. 碳刷磨损量不宜超过全长三分之一。
4. 集电环和碳刷表面不清洁或表面烧毛的，应采用帆布浸少许酒精擦抹，或在研磨工具上，复以细砂纸(0#)研磨。	4. 集电环表面粗糙度应达到 0.4 μm。

(11) 测温系统

a. 测温系统的检修工艺和质量要求应符合表 2.29 的规定。

表 2.29 测温系统的检修工艺和质量要求

检修工艺	质量要求
1. 检查电机及轴承的测温元件及线路。	1. 完好。
2. 检查测温装置所显示温度与实际温度对应情况，有温度偏差应查明原因，校正误差或更换测温元件。	2. 所测温度应与实际温度相符，偏差不宜大于 3℃。

第三章 拆装技术方案

3.1 机组拆解方案

在施工人员、施工机具等进场和所需专用工具加工完成后，组织施工人员对本次维修安装的机组按下列程序进行拆除。

(1) 电机上、下油槽放油，将油排放至泵站的清油箱内。

(2) 检查机组进、出水流道的检修门闭合状态及机坑积水排除情况。

(3) 关闭检修机组的进油、进水管路的控制阀。

(4) 受油器(含操作油管等部件)拆除。

(5) 受油器支承部件及电机转子集电环拆除。

(6) 主轴及操作油管油腔内存油抽排至泵联轴器以下部位。

(7) 电机上机架盖板拆除。

(8) 电机上油槽盖、上导轴承、上导轴承头等拆除。

(9) 电机上机架部件拆除。

(10) 电机轴拆除。

(11) 电机转子部件及电机轴拆除。

(12) 泵轴承体油槽放油，轴承体及密封部件等拆除。

(13) 电机轴与泵轴联轴器螺栓拆除，将泵轴叶轮部件下降至叶轮外壳部件上，叶片与外壳部件间垫上 6 mm 厚铜板。

(14) 将泵轴及操作油管的油腔内存油排至泵轴下法兰部位。

(15) 电机下油槽盖及下导轴承等部件拆除。

(16) 电机轴(推力头)及上操作油管等部件拆除。

(17) 电机下机架部件拆除。

(18) 泵支撑盖,上盖、中盖、下盖等部件拆除。

(19) 泵轴部件及中操作油管拆除。

(20) 下操作油管拆除及叶轮部件吊至检修间。

(21) 电机空气冷却器拆除。

机组拆除主要工艺流程如图 3.1 所示。

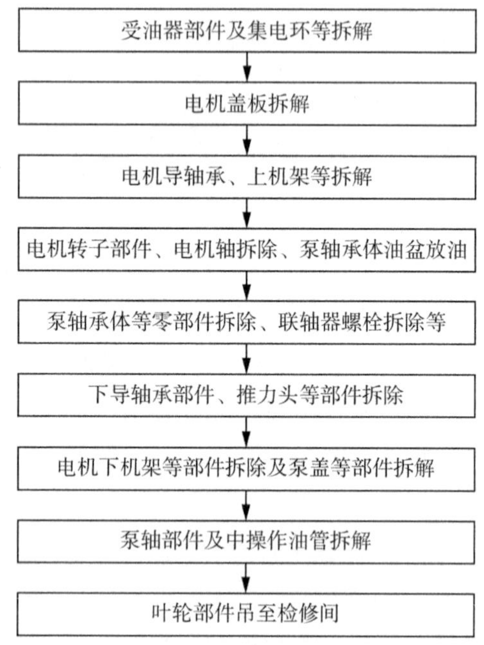

图 3.1 机组拆除主要工艺流程图

3.2 大型部件吊装方案

皂河站机组多数部件具有大体积和大重量的特点,吊装相对复杂,难度较大,为确保设备和人员在设备吊装过程中的安全,吊装前,须制定周密的吊装方案和安全防护措施,同时,起吊工具须安全可靠,起吊作业人员须持证上岗。电机转子、电机轴、泵轴、叶轮部件等大型部件的吊装方案如下。

3.2.1 电机转子吊装

使用 ϕ34 mm×18 000 mm 钢丝绳,捆缚转子钢结构主筋后挂于主钩上,并于 ϕ34 mm×18 000 mm 钢丝绳 90°方向各挂 1 只 10 t 的手拉葫芦作为辅助平衡吊具,主钩稍微提升一点高度后,通过观测水平仪,调整手拉葫芦,将转子调平，最后将电机转子吊装至指定位置。

图 3.2　电机转子吊装

3.2.2　电机下机架吊装

使用 ϕ34 mm×18 000 mm 钢丝绳，捆缚下机架 4 个支撑腿后挂于主钩上，将下机架吊装至指定位置。

图 3.3　电机下机架吊装

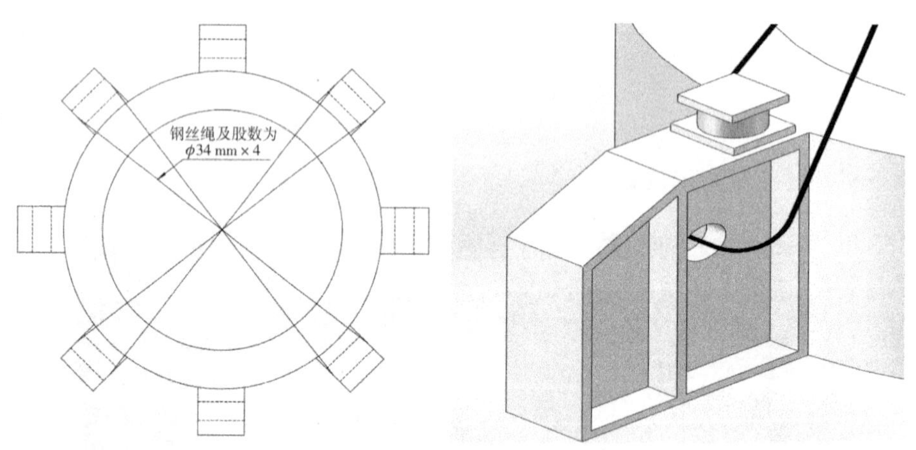

图 3.4　电机下机架吊装示意图

3.2.3　泵轴吊装

吊装采用 φ34 mm 股数为 4 的钢丝绳，利用工作螺栓在联轴器组合面上安装 2 个吊点，卸扣锁住吊点后，将钢丝绳挂于主钩上，将泵轴吊装至指定位置。

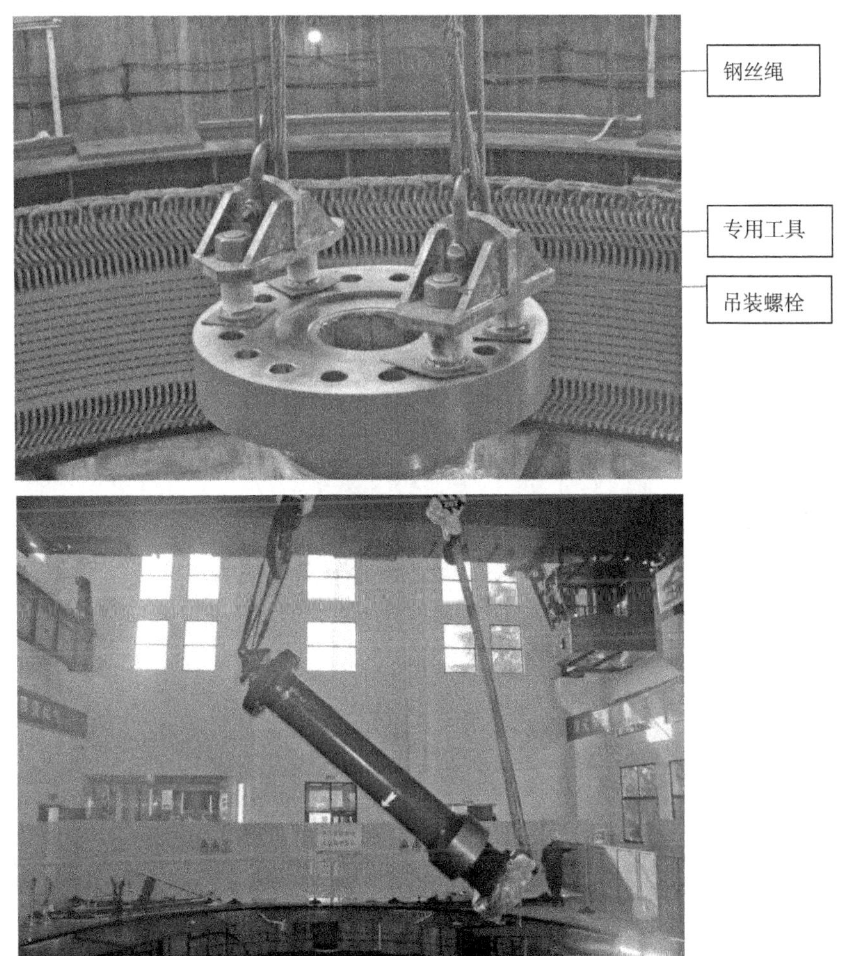

图 3.5　泵轴吊装

3.2.4　叶轮部件翻身及吊装

(1) 叶轮吊装工序

吊装使用 ϕ34 mm，股数为 8 的钢丝绳，利用工作螺栓在轮毂与泵轴组合面处安装 4 个吊点，钢丝绳捆缚吊点后挂于主钩上，将叶轮部件吊装至指定位置。

(2) 正翻身吊装工序

①在行车的小车架副钩旁装设 2 组滑轮组，起吊重量为 40 t，仍用行车副钩卷扬机牵引，经计算卷扬机滚筒钢丝绳长度满足副钩改造后叶轮翻身吊装需要。

图 3.6　叶轮吊装

②用 2 根 ϕ54 mm×13 000 mm 钢丝绳由两叶片之间(主钩 ϕ54 mm 钢丝绳对称位置)捆缚轮毂后分别挂于两只改装后的动滑轮(以下简称副钩)上，每根钢丝绳各自用 32 t 卸甲锁住。详见图 3.7。

③起吊过程中应遵循“主钩吊点高于副钩吊点、叶片不着地”的原则。水平上升至一定高度，吊件移至检修间地坑上方；先升主钩后升副钩，将叶轮吊至最佳翻身高度，逐渐下降副钩，直至副钩完全卸载，将叶轮体处于垂直位置。详见图 3.8(a)。

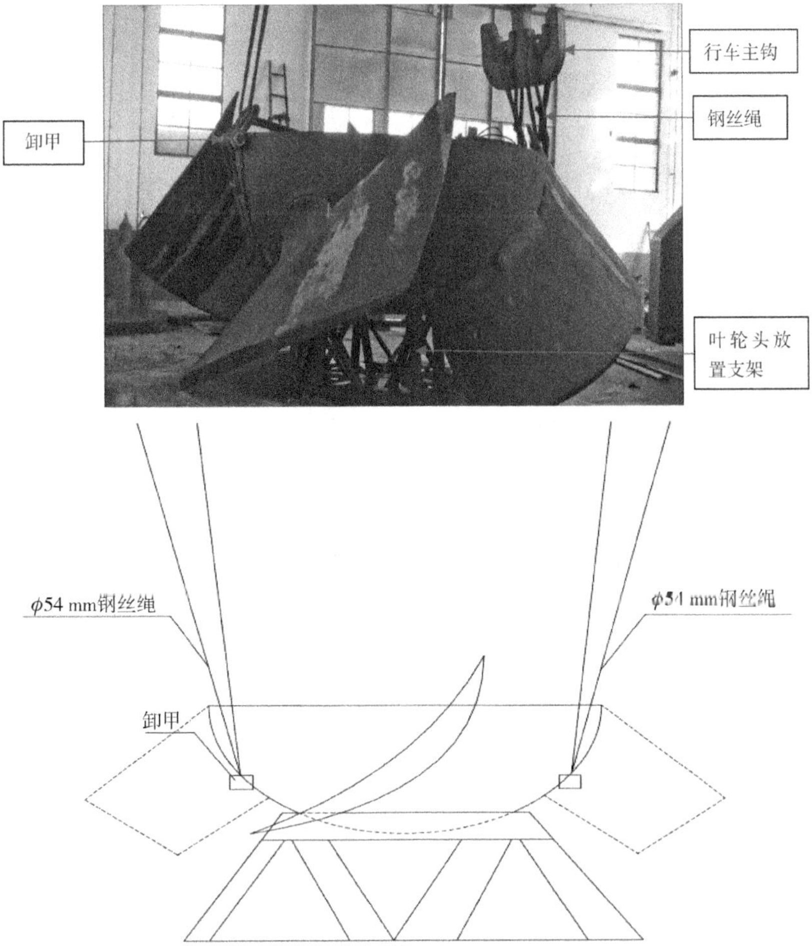
行车主钩
钢丝绳
卸甲
叶轮头放置支架
φ54 mm钢丝绳
φ54 mm钢丝绳
卸甲

图 3.7　叶轮头放置于支架上示意图

主钩钢丝绳
副钩钢丝绳

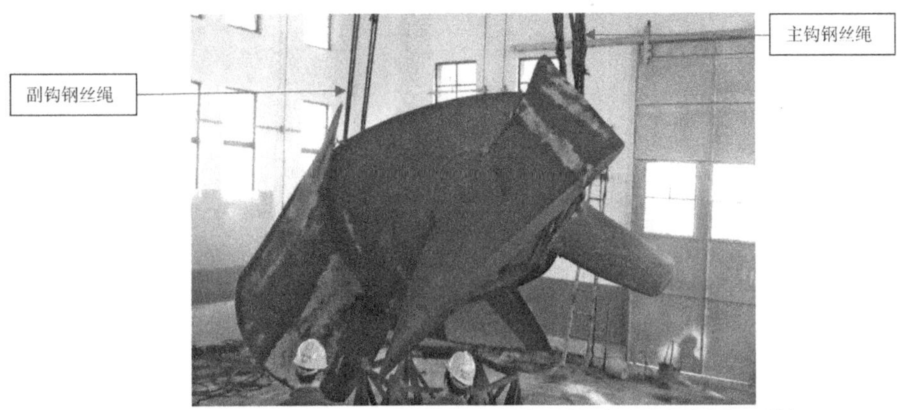

步骤 1:先升主钩,后升副钩,保持主钩吊点高于副钩吊点,缓慢将叶轮头从支架上吊起 50 cm。

步骤 2:将叶轮头从支架上方移至左侧,同时保持主钩吊点高于副钩吊点。

步骤 3:先升主钩,将叶轮一侧缓慢升起,后升副钩,将叶轮调整最佳翻身位置。

步骤 4:逐渐下降副钩,使叶轮头上端面垂直于地面。

副钩钢丝绳
已拆除

步骤 5：拆下副钩在叶轮上的钢丝绳。

图 3.8(a)　叶轮头翻身步骤

④改变副钩吊点方向。在吊件完全由主钩承重情况下，拆下副钩钢丝绳，将叶轮体旋转 180°，按前方法挂钢丝绳，详见图 3.8(b)。

挂副钩钢丝绳

步骤6:此时叶轮重量完全由主钩承受,调整叶轮至适当位置,便于副钩挂钢丝绳,用于叶轮头翻身。

图3.8(b) 叶轮头翻身步骤

⑤副钩重新恢复工作状态后,经检查完好后,逐渐下降主钩,使叶轮端面呈水平状,距地面约50 cm为宜。最后同时下降主、副钩,使叶轮搁置在预先准备好的木方基础上。详见图3.8(c)。

步骤 7:点吊副钩,使其钢丝绳受力,检查正常后,点动下降主钩,直至叶轮下落到木方上。

步骤 8:同步下降主钩和副钩,缓慢将叶轮平稳搁置在事先准备好的木方上,

叶轮上端面平行于地面,呈水平状,主钩和副钩不再受力。

步骤 9:叶轮翻身完成。

图 3.8(c) 叶轮头翻身步骤

(3) 反翻身吊装工序

反翻身吊装工具、改造后行车副钩机构同正翻身。吊装工序与正翻身相反。

3.3 零部件维修方案

3.3.1 机组维修主要内容

(1) 对所有拆除部件的结合面进行除锈清洗维护保养。

(2) 对受油器部件进行解体检查和维修清洗保养。

(3) 对电机空气冷却器进行解体清洗检查,对其冷却管路进行疏通清洗。组装后按质量标准进行耐压试验检查。

(4) 对电机顶转子装置进行解体检查和维修,修复后进行油压试验检查。

(5) 对叶轮室进行汽蚀处理。汽蚀处理前对叶轮室表面做全面的清理处理。首先采用铲刀铲刮及用装有钢丝碗的磨光机进行打磨清理,然后对汽蚀部位作修平处理。汽蚀修补方案采用补焊方法。因叶轮外壳浇铸材料为 ZG25,焊条选用 E310(牌号 A402)或 E310cb(牌号 E407)。为了确保焊接质量,焊接人员须为有经验的高级焊工。焊接工艺采用断性的焊补方法,焊接应力利用小锤敲打消除。焊补后利用磨光机磨平。

(6) 按质量标准完成主电机的导轴瓦、推力瓦等轴承部件的研刮工作。

3.3.2　机组维修主要工艺

(1) 轴承的检修,轴瓦的研刮。

(2) 叶轮室、固定导叶的汽蚀处理。

(3) 受油器分解、清理,轴瓦、内外油管磨损的处理,绝缘部分损坏的检查处理。

(4) 液压调节机构上、中、下操作油管的检查处理和试验。

(5) 联轴器的检修和处理。

(6) 泵盖维修。

(7) 主机油、气、水系统检查、处理。

(8) 电机顶转子装置维修。

3.4　机组安装方案

3.4.1　主机泵安装步骤

(1) 安装叶轮前,对叶轮进行密封试验检查。

(2) 叶轮吊装就位,叶片端部与叶轮外壳的接触面用 6 mm 铜板垫实。

(3) 泵支撑盖,上盖、中盖、下盖等部件吊装就位。

(4) 电机下机架吊装就位。

(5) 电机下机架、电机定子与泵轴窝垂直同轴度调整。

(6) 下操作油管、泵轴及中操作油管安装。中操作油管安装完毕后,对其压力油腔按工作压力的 1.25 倍进行压力试验。

(7) 电机下机架油槽清洗检查。

(8) 电机导轴瓦、推力瓦吊装就位,并初调瓦面高程、水平。

(9) 推力头、上操作油管安装。上操作油管安装完毕后,对其压力油腔按工作压力的 1.25 倍进行油压试验。

(10) 液压减载装置油管路安装。

(11) 推力瓦水平度及泵轴摆度调整处理。

(12) 电机轴安装。

(13) 电机转子安装,紧固件装配利用拉伸器,拉伸力按原标准选取。

(14) 调整检测电机磁场中心,精调推力瓦水平度,复查泵轴摆度。

(15) 电机上机架安装。

(16) 电机上导摆度调整处理。

(17) 电机上油槽冷却器安装及耐压试验。

(18) 电机下油槽挡油圈及油槽底盖等安装。

(19) 电机下油槽煤油渗漏试验。

(20) 电机下油槽冷却器等部件安装及冷却器耐压试验。

(21) 泵轴颈中心位置调整。

(22) 电机上、下导轴瓦间隙调整。

(23) 电机空气间隙测量。

(24) 电机上油槽盖安装、下油槽盖作临时安装。

(25) 电机集电环及受油器底座支承架安装。

(26) 受油器底座、集油环及其操作油管安装和调整。

(27) 配压阀、配油器壳体及受油器管路等部件安装。

(28) 受油器操作调试及叶片角度调整。

(29) 电机空气冷却器及其管路安装。

(30) 机组上、下油槽冷却水管路安装。

(31) 泵轴承等部件安装,空气围带压力试验检查。

(32) 泵轴承间隙测量调整。

(33) 泵轴承油盆及电机上、下油槽分别注油,并封闭其封盖。

(34) 主机组修后电气试验。

(35) 机组试运行。

(36) 交接验收。

3.4.2　主机泵安装工艺流程图

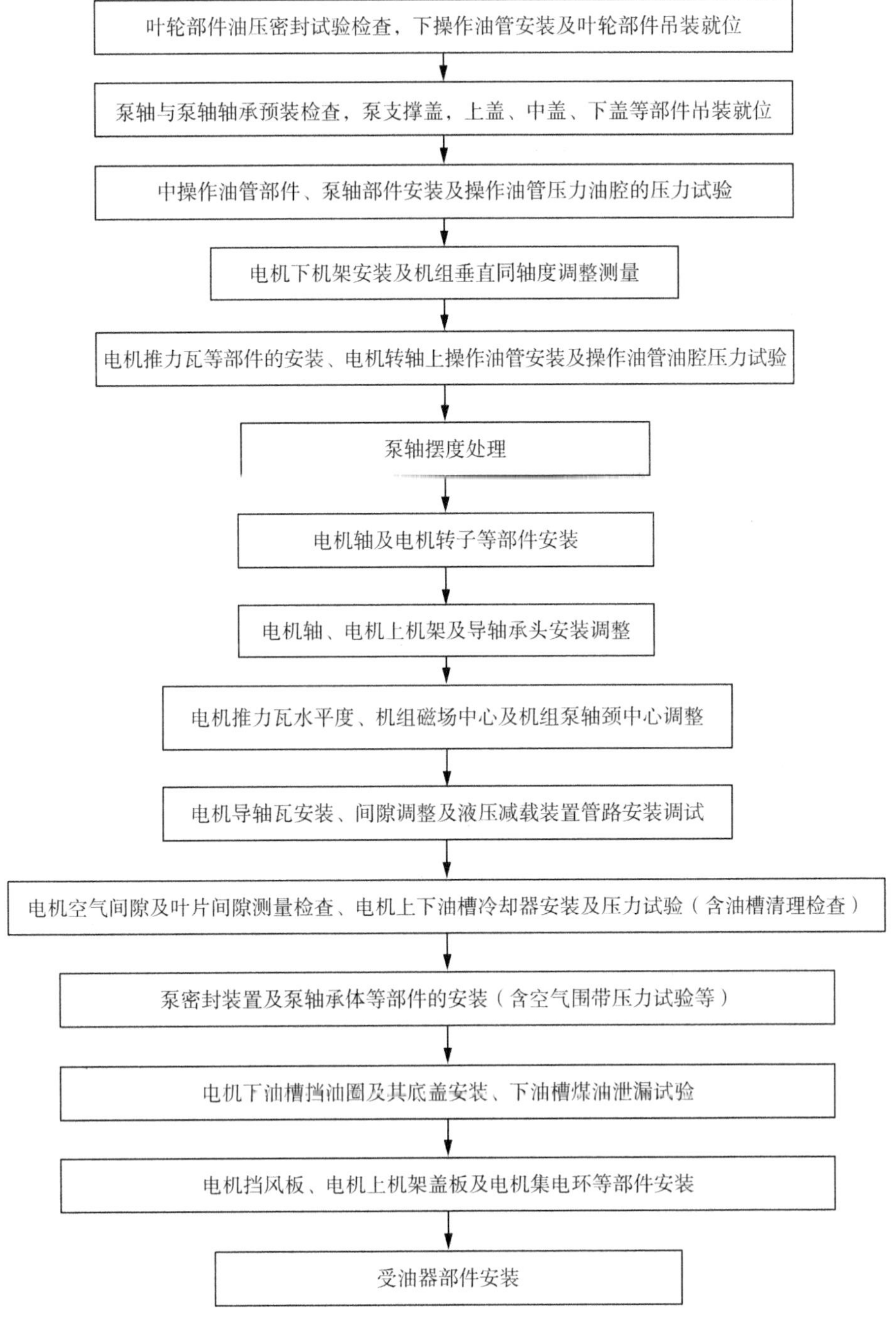

图 3.9　主机泵安装工艺流程图

第四章 机组解体

4.1 机组解体要求

1. 机组解体的顺序应按先外后内，先电机后水泵，先部件后零件的程序原则进行。

2. 各连接部件拆卸前，应查对原位置记号或编号，如不清楚应重新做好标记，确定相对方位，使重新安装后能保持原配合状态。拆卸应进行标记，总装时按标记安装。

3. 零部件拆卸时，应先拆销钉，后拆螺栓。

4. 螺栓应按部位集中保管存放并涂油或浸油，防止丢失、锈蚀。

5. 不得敲打或碰伤零件加工面，如有损坏应及时修复。清洗后的零部件应分类存放，各精密加工面，如镜板面等，应擦干并涂防锈油，表面覆盖毛毡；其他零部件要用干净木板或橡胶垫垫好，避免碰伤，上面用布或毛巾盖好，防止灰尘等杂质侵入；大件存放应用木方或其他物件垫好，避免损坏零部件的加工面。

6. 零部件清洗时，宜用专用清洗剂，周边不应有零碎杂物或其他易燃易爆物品，严禁火种。

7. 螺栓拆卸时宜用套筒扳手、梅花扳手、开口扳手和专用扳手，不应采用活动扳手和规格不符的工具。锈蚀严重的螺栓拆卸时，不应强行扳扭，可先用松锈剂、煤油或柴油浸润，然后用手锤从不同方位轻敲，使其受振松动后再行拆卸。精制螺栓拆卸时，不能用手锤直接敲打，应加垫铜棒或硬木。

8. 各零部件除结合面和摩擦面外，都应清理干净，涂防锈漆。油缸及充油容器内壁应刷耐油漆。

9. 各管道或孔洞口，应用木塞或盖板封堵，压力管道应加封盖，防止泄漏或异物进入。

10. 清洗剂、废油应回收并妥善处理，不得造成污染和浪费。

11. 部件起吊前，应对起吊器具进行详细检查，核算允许载荷，并试吊以确保安全。

12. 机组解体前应加强历史资料的收集。解体过程中，对有关参数进行认真测量、校核、分析和记录。

机组解体中应收集的相关数据、资料主要包括：

(1) 间隙的测量记录，包括电机空气间隙、轴瓦间隙、水泵叶片间隙等；

(2) 叶片、叶轮室汽蚀情况的测量记录，包括汽蚀破坏的方位、区域、程度等，严重的应绘图和拍照存档；

(3) 磨损件的测量记录，包括轴瓦的磨损、轴颈的磨损、密封件的磨损等，对磨损的方位、程度详细记录；

(4) 固定部件同轴度、水平(垂直)度和高程的测量记录；

(5) 转动部件的轴线摆度、镜板水平度的测量记录；

(6) 电机磁场中心的测量记录；

(7) 关键部位螺栓、销钉等紧固情况的记录，如叶轮连接螺栓、主轴连接螺栓、基础螺栓、瓦架固定螺栓和机架螺栓等；

(8) 各部位渗漏油、甩油情况的检查记录；

(9) 零部件的裂纹、损坏等异常情况检查记录，包括位置、程度、范围等，并进行综合分析；

(10) 电机绝缘、直流电阻、耐压等主要技术参数测量记录；

(11) 环境温湿度等其他重要数据的测量记录。

4.2　机组解体步骤

1. 关闭进水流道的检修闸门、出水流道工作闸门，打开检修排水闸阀，排空流道内积水，打开流道进人孔，若检修闸门、出水流道工作闸门漏水严重，需潜水堵漏。

2. 将水泵叶片角度调整至$-16°$后，关闭相应的连接管道闸阀，拆卸主机组主要连接管路及辅机管路。

3. 排放电机上、下油缸和水导油缸透平油。

4. 拆除叶调机构。

5. 拆除进线电缆接头，松脱碳刷，拆卸电机转子励磁线、集电环；拆卸电机摆度、转速、振动等检测装置和引出线。

6. 拆卸电机上、下油缸盖板等。

7. 用专用千斤顶顶紧电机导轴瓦，用塞尺测量电机上、下导轴承轴瓦间隙和水泵水导轴承间隙，并记录。

8. 适度抱紧电机下导轴瓦，拆除抱瓦专用千斤顶。

9. 开启液压减载装置，进行人工盘车。

10. 测量叶片间隙，分叶片上、中、下部位测量并记录。

11. 检查测量叶片、叶轮室的汽蚀状况，并记录。

12. 拆除电机定子盖板，用塞尺在磁极的圆弧中部测量电机空气间隙，并记录。

13. 按相对高差法用深度尺和游标卡尺配合，测量电机磁场中心，并记录。

14. 拆卸电机上导轴瓦、水泵水导轴承。

15. 在电机上导、下导轴颈和水导轴颈处，按 90°上、下同方位架设带磁座的百分表，等分 8 个方位盘车，测量各点的轴线摆度值，并记录。

16. 在电机轴端架设水平仪，等分 8 个方位盘车，测量镜板水平度，并记录。

17. 在水泵水导轴颈处架设百分表，表针指向水导轴窝上止口，按电机下导轴瓦方位，分相互垂直的 4 个方位，盘车测量轴线转动中心偏离值，并记录。

18. 用千斤顶在电机下机架位置将电机转子顶起 3～5 mm。

19. 拆卸电机下导轴瓦及瓦架、测温元件，测量推力瓦高度与抗重螺栓高度，并记录。

20. 拆除电机上下油缸冷却器，并对其进行检查。

21. 将吊转子专用吊具装设于电机轴顶部，并调整行车吊钩与转子轴中心对中，挂吊转子的专用钢丝绳。

22. 起吊转子。在转子与定子间的间隙内，均匀插入 16 条长型青壳纸并在起吊过程中来回抽动，确保无卡阻现象，起吊初期点动行车吊钩，调整吊钩位置保证转子起吊过程中不发生碰撞，慢速起吊。电机轴法兰通过下机架时须防止碰撞，直至将电机转子吊出定子，并移置于专用转子支架上。

23. 用专用吊具吊起泵轴，并固定好。松脱叶轮与泵轴连接螺栓，吊出泵轴，水平放置在专用支架上。

24. 复核固定部件的垂直同轴度。在电机机坑上方架设装有求心器、带磁座百分表的横梁，将求心器钢琴线上悬挂的重锤置于盛有一定黏度机油的油桶中央，无碰壁现象。初调求心器，使钢琴线居于水泵下导轴窝中心，其中心偏差应不大于 0.05 mm，最后使用装有专用加长杆的内径千分尺，测量定子铁芯互为 45°的 8 个方位上部、下部距钢琴线的距离，并记录。

4.3　电机拆卸

4.3.1　叶调机构拆卸

(1) 将水泵叶片调整至－16°，关闭 2 号机组叶调机构供油闸阀。

(2) 排空 2 号机组叶调机构进油管道、溢油管道与回油管道内余油。

(3) 拆卸叶调机构供油闸阀、叶调机构进油管道、溢油管道与回油管道。

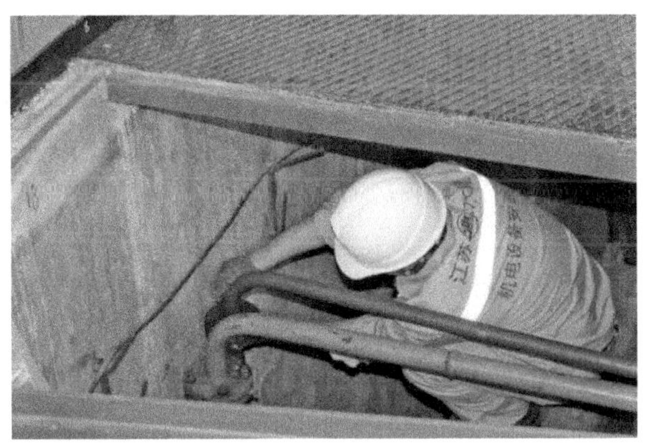

图 4.1　拆卸油管

(4) 记录叶调机构顶部的步进电机端子接线顺序，并拆除连接线。

(5) 吊卸配油器顶部罩壳。

图 4.2　吊配油器顶部罩壳

(6) 拆卸升降筒与滚柱轴承连接螺栓,吊卸升降筒。

图 4.3 升降筒

(7) 拆卸并吊出配油器轴承压盖,检查轴承压盖上的衬套是否有伤痕、锈斑,测量轴承压盖与衬套之间的配合间隙。

(8) 吊卸配油器体。

图 4.4 配油器体

(9) 吊卸滚柱轴承、黄铜压环,滚柱轴承位于换向凸轮上方。

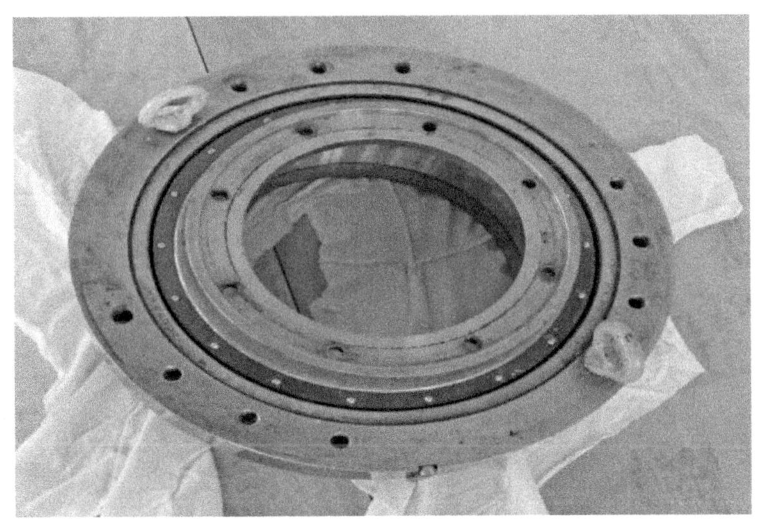

图 4.5　滚柱轴承

(10) 吊卸换向凸轮及换向凸轮座,换向凸轮置于滚柱轴承下方,换向凸轮座的滚轮嵌于换向凸轮槽内。

图 4.6　换向凸轮

(11) 吊卸换向凸轮轴承座。

图 4.7　换向凸轮轴承座

图 4.8　吊换向凸轮轴承座

(12) 清除油污,吊卸集油环。

图 4.9　集油环

（13）吊配油器罩壳。

图 4.10　吊配油器罩壳

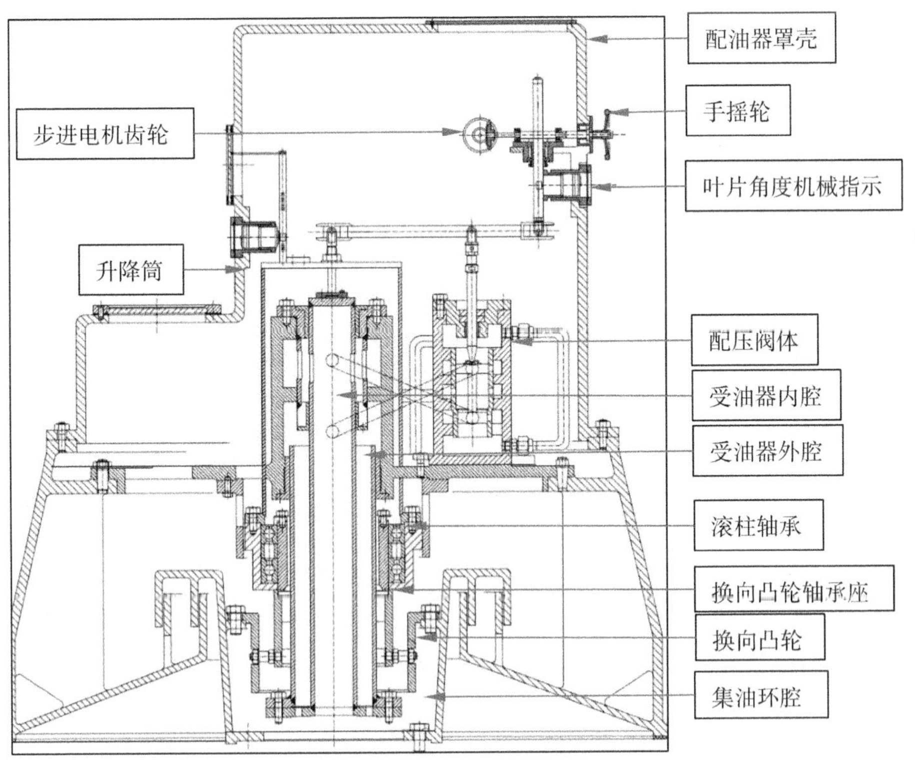

图 4.11　配油器装配图

4.3.2 电机集电环拆卸

(1) 拆卸电机集电环室机罩内挡油盘。

使用2个20 t千斤顶，将它们对角放置，千斤顶的底面放在电机测速盘上，顶部顶住挡油盘，确保2台千斤顶受力均匀，同步升高，将挡油盘顶起，随后吊出。

图4.12 挡油盘

(2) 拆卸电机帽。

将电机碳刷从刷握中松脱，拆除电机测速元件和励磁电源进线，拆除电机帽与上机架的连接螺栓，再将电机帽吊起。

(3) 拆卸电机测速盘。

拆除使用的工具和方法同拆除挡油盘，此时千斤顶的底座放置在集电环上，活塞顶部顶住测速盘。

(4) 拆卸电机集电环。

拆除集电环固定连接螺栓，拆除集电环与主轴上的励磁进线连接，再使用2个千斤顶将集电环顶起，并吊出。

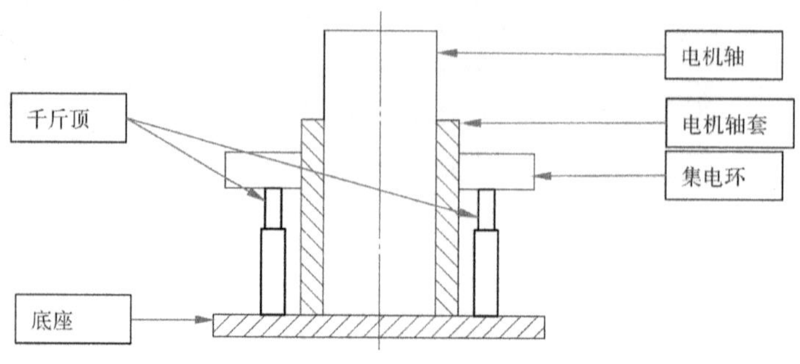

图4.13 拆卸集电环

图 4.14　电机集电环

（5）拆卸外操作油筒、内操作油筒与上操作油管连接部件。

拆除连接螺栓上的螺母，使用吊带固定外操作油筒底部一周，并用铁丝将吊带固定在外操作油筒上，缓慢吊起，应注意油筒内部存油流出的速度，让残油

图 4.15　吊卸外操作油筒

图 4.16　吊卸内操作油筒

缓慢流出，确保通过导流垫流入油盆，减少洒漏。再将内油筒吊出。最后取下橡皮垫，清理上段操作油管的顶部连接面，擦拭干净上油缸缸盖上的油污。

图 4.17　外操作油筒

图 4.18　内操作油筒

（6）拆除电机上油缸挡灰板。

4.3.3　电机上下油缸导轴瓦间隙原始数据测量

（1）拆除上油缸 2 块盖板。

（2）抽出上油缸内的透平油。

（3）拆除下油缸 4 块盖板，并在盖板上标注“西南”“东南”“西北”“东北”4 个方位。

（4）打开 2 号机下油缸排油闸阀，将下油缸油排至联轴层油箱内。

（5）在每块导轴瓦的左右两侧各放置 1 台专用千斤顶，用其顶紧轴瓦背面，使轴瓦瓦面紧贴轴颈，使用塞尺测量抗重螺栓与上导轴瓦瓦背之间的原始间隙。

图 4.19　抱瓦螺栓(螺纹千斤顶)

测量 8 只上油缸导轴瓦与电机轴之间的间隙。

图 4.20　测量上导轴瓦间隙

(6) 测量 12 只下导轴瓦与电机推力头之间的间隙。

使用相同的方法,测量出下导轴瓦的原始间隙。

图 4.21　测量下导轴瓦间隙

4.3.4　电机上油缸部件拆卸

(1) 拆卸上油缸导轴瓦的 4 个测温装置及信号传输线,并在传输线上做好标记,记录其对应的位置。

(2) 拆除 8 块导轴瓦。

拆除上导轴瓦的上瓦托,松动抗重螺栓锁母,取出上导轴瓦。

在 8 块导轴瓦和对应的油缸外壁上做相同的数字标记,使用吊耳螺丝将导轴瓦吊出。

图 4.22 拆卸上导轴瓦

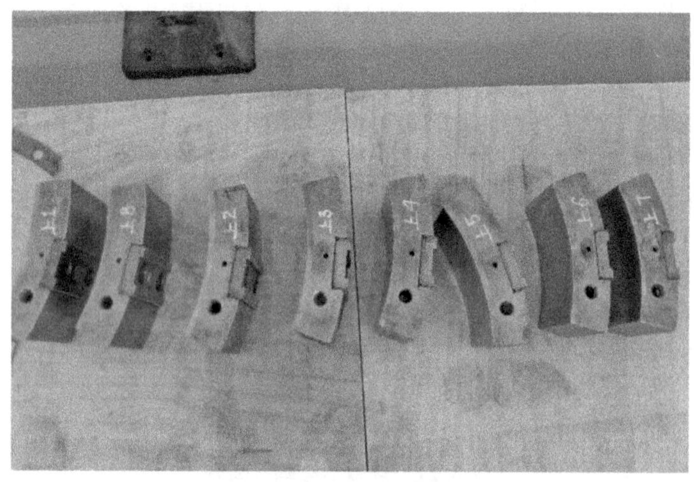

图 4.23 上导轴瓦

4.3.5 机组摆度及水平度原始数据测量

4.3.5.1 测量机组摆度

(1) 拆卸内圈、中圈电机盖板

每圈共计 8 块,在内外两圈对应位置做好编号。

(2) 拆卸上机架脚踏板

对外圈 8 个脚踏板进行编号,在各脚踏板和上机架 8 条支腿上做好对应标注,然后拆除固定螺丝。

(3) 拆卸水导轴承

在机组顶盖区域搭设脚手架,在机组联轴器的上端挂好吊带,并环绕一圈,使吊带卡在联轴器上端的法兰面上,然后在吊带上挂 2 个手拉葫芦,以大轴为

图 4.24　拆吊电机盖板

中心对称放置。在水导轴承上安装螺丝吊环，并将葫芦的吊钩挂在螺丝吊环中。缓慢拉动葫芦使水导轴承匀速水平上升，确保无偏移卡阻，待水导轴承被提出水导油缸上端面，并高出约 20 cm 后，在油缸上对称的位置放置 2 条木方，缓慢下降手拉葫芦，使水导轴承落在木方上。

图 4.25　拆吊水导轴承

(4) 在上下油缸内架设百分表

在机组的上、下导轴承处分别架设百分表，底部固定在油缸外壁上，测头垂直顶在被测轴颈上。

(5) 盘车并测量摆度数据

启动 2 号机液压减载油泵，在机组推力瓦与镜板间充油，减少盘车阻力。转动电机转子进行盘车，共测量 8 个等分点位。

图 4.26　上油缸架设百分表

图 4.27　读取下油缸百分表数据

4.3.5.2　测量水平度

(1) 装设专用工具及水平仪，并调整水平仪归零

制作专用工具，将其架设在上操作油管顶面，专用工具的主体为一段钢管，钢管的一端焊接一块方形钢板，其上打孔，使用 2 颗螺丝连接在上操作油管的顶面；钢管的另一端焊接了 2 颗螺栓，用于连接三脚架，三脚架上架设框式水平仪，使用扳手调整三脚架底部的 2 颗螺丝，使水平仪读数归零(气泡位于观察孔正中央处)。

图 4.28　架设专用工具

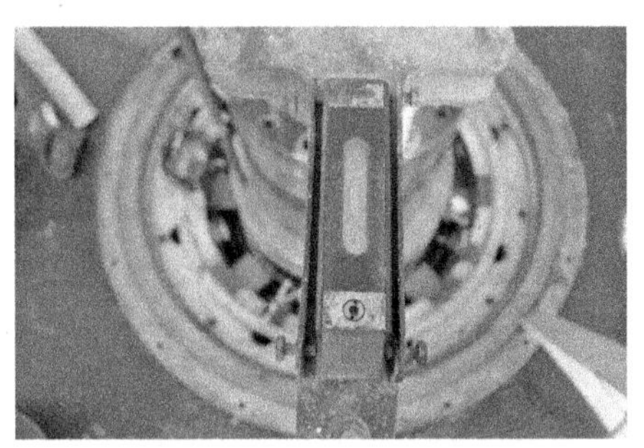

图 4.29　读取水平仪数据

（2）盘车并测量水平度数据

架设水平仪并调整好水平度，转动电机转子进行盘车，共测量 8 个等分点位。

4.3.6　电机盖板拆卸

（1）拆卸内圈电机盖板

拆卸前对每圈各盖板做好编号，在内圈、中圈盖板相同位置处做好标记。

（2）拆卸上机架盖板

拆除内圈、中圈、外圈盖板。

图 4.30　拆除上机架盖板

4.3.7　电机空气间隙和磁场中心原始数据测量

（1）对转子各磁极进行标注，共 80 个磁极，做好空气间隙、转子铁芯上端面至定子铁芯上端面高差等原始数据测量准备。

(2) 测量定转子空气间隙

使用楔形塞尺、外径千分尺等测量定转子空气间隙。

(3) 测量定子铁芯上端面与转子铁芯上端面高差

使用专用工具两脚规测量高差，先将一条规脚置于定子铁芯上端面，再将另一条规脚上下移动，并置于转子铁芯上端面，固定两个规脚后，将两脚规缓慢提起，使用深度尺测量两条规脚之间的距离差值。

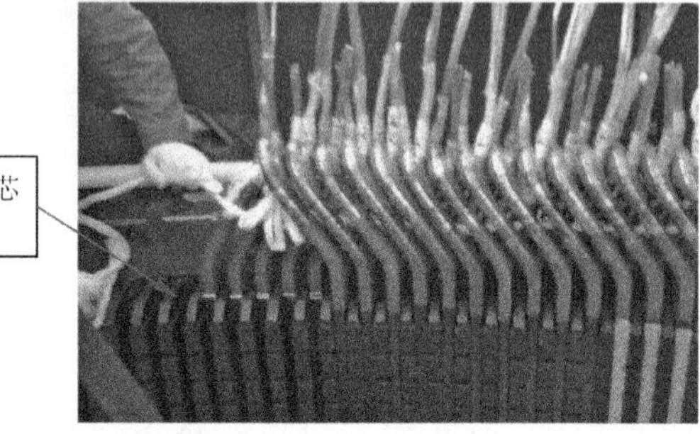

图 4.31　定子铁芯上端面

图 4.32　转子铁芯上端面

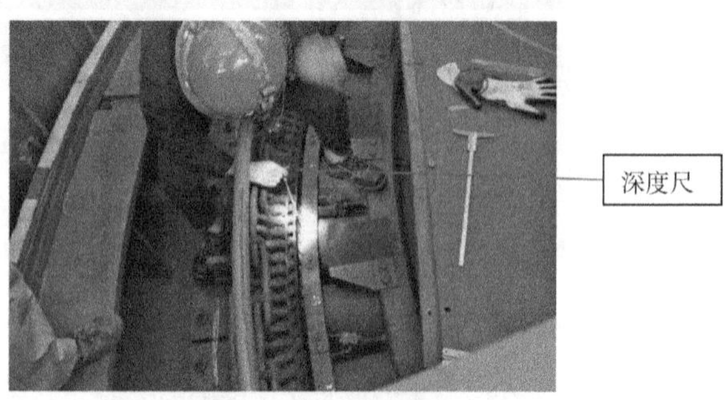

图 4.33　测量电机定转子磁极上端面高差

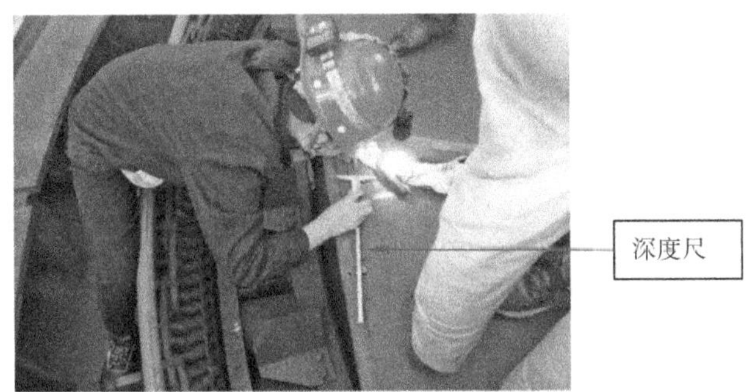

图 4.34　读取高差数据

4.3.8　电机上机架拆卸

(1) 拆卸上油缸导轴瓦衬套

将电机转子正负极铜排从水平位置调整到垂直位置。

使用 4 根专用螺杆，螺杆一头拧进轴瓦衬套端面上的丝孔内，螺杆上端安装一块正方形钢板，钢板上对称的四个角分别开一个小孔，螺杆穿过钢板上的小孔，通过螺杆上的螺母进行紧固。钢板底部均匀放置 3 台 20 t 的千斤顶，千斤顶底部落在电机大轴卡环上，顶部顶住钢板，千斤顶同时发力，将钢板缓慢顶起，螺杆带动导轴承轴瓦衬套向上运动，使导轴瓦衬套与上油缸挡油筒和电机轴分离，最后吊出导轴瓦衬套。

图 4.35　拆卸导轴瓦衬套

(2) 拆卸电机轴压环

撬平压环与电机轴连接螺栓的锁片，拆除连接螺栓。将 2 颗顶丝拧入压环上对称的 2 个丝孔内，同时对称拧进两边顶丝，使压环与电机轴分离，随后吊出压环。

图 4.36　拆拔导轴瓦衬套

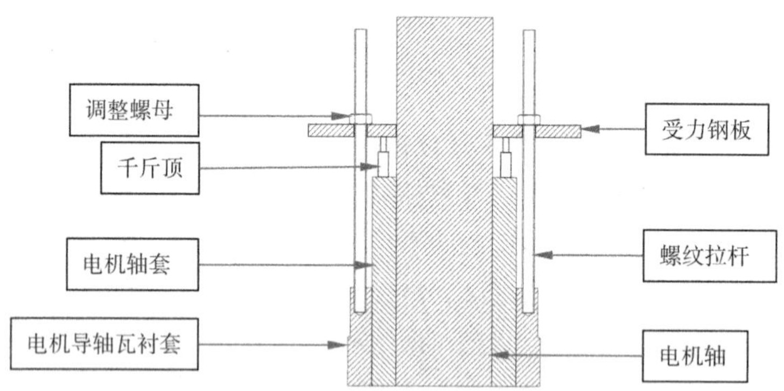

图 4.37　拆卸导轴瓦衬套示意图

图 4.38　拆卸压环

(3) 拆除上机架

连接螺栓拆除：在上机架各支腿左右各有 1 颗螺栓和底座连接，共计 16 颗。拆除前，在连接处标上序号，使用 55# 扳手拆除连接螺栓。

定位销拆除：每个支腿还有 1 只定位销与底座相连，共计 8 颗。先用螺母拧进定位销上端的螺杆，然后继续转动螺母，将定位销拔出。

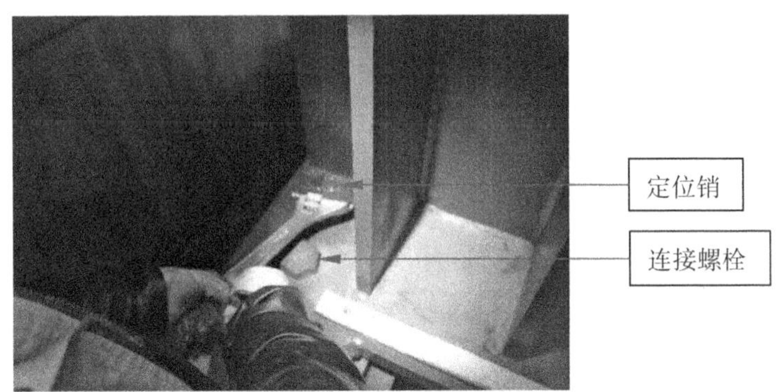

图 4.39　拆卸上机架定位销

(4) 吊出上机架

使用 2 根 ϕ34 mm×18 000 mm 钢丝绳进行起吊，每根钢丝绳穿过上机架相邻的 2 根支腿，在钢丝绳与钢结构接触部位垫上护垫，用于保护钢丝绳和钢结构。将上机架吊装至指定位置的木方上。

图 4.40　拆吊上机架

4.3.9　电机转子拆卸

(1) 拆卸转子与推力头连接螺栓

使用拆卸专用工具(液压螺栓拉伸器)拆卸连接转子大轴和推力头的连接螺栓。详细步骤如下：

①使用角磨机切断拉伸螺栓之间焊接的防松钢筋；

②将液压螺栓拉伸器的支承桥套在螺栓上，并落在对应螺栓连接转子的端面上，使之套在被拉伸螺栓的螺母外侧，使支承桥开口向外，便于使用加力杆拆卸螺母；

③将液压螺栓拉伸器的拉伸头旋套在被拆卸螺栓上，并用加力杆紧固拉伸头，使其与液压螺栓拉伸器支承桥紧密贴合；

④架设百分表，磁性表座吸附在转子构架上，调整百分表支架位置，确保百分表测头垂直向下并与拉伸螺栓上端面接触并调零；

⑤将高压手压泵出油孔与液压螺栓拉伸器进油孔连接，确保连接牢固；

⑥将高压手压泵旋转开关置于建压状态，按下手压泵压柄，向液压螺栓拉伸器内注油；

⑦观察高压手压泵压力读数和百分表的读数，在拉伸长度接近 0.22 mm 时放慢压油速度，同时将加力杆通过支承桥开口插入被拉伸螺栓上的螺母小孔内，尝试转动螺母；

⑧当可以轻松转动螺母时，继续将螺母向上适当旋转，保证泄压后螺栓长度收缩，螺母仍然可以松动；

⑨将高压手压泵上的旋转开关置于泄压状态，缓慢释放压力至归零；

⑩拆除进油孔连接油管，如果螺栓回缩过多，会出现百分表指针反向指示，此时液压螺栓拉伸器拉伸头与支承桥紧紧连接，拆除时需要使用加力杆和锤子，将加力杆插入拉伸头小孔内，使用锤子对加力杆后端进行敲击，缓慢卸下拉伸头；取出螺母，对螺母用钢字码编号，并对转子对应部位进行钢字码编号，确保后期安装时原位对应。

图 4.41 液压螺栓拉伸器实物圈

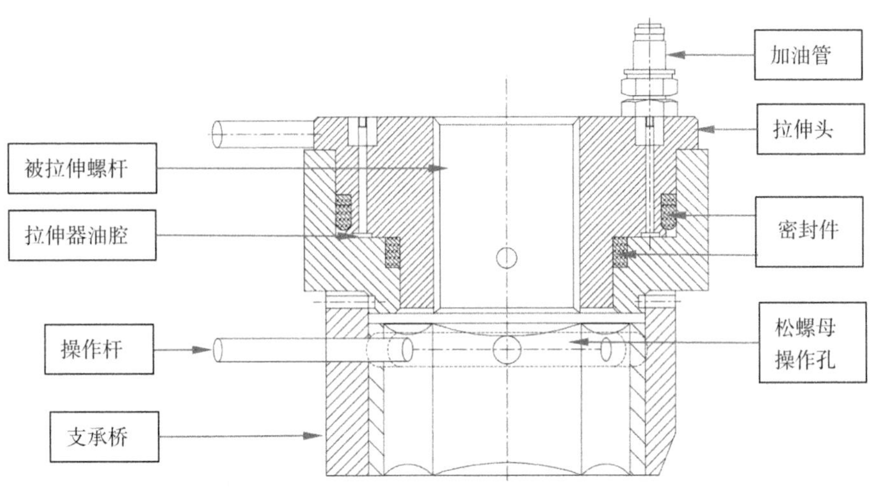

图 4.42　液压螺栓拉伸器剖面图

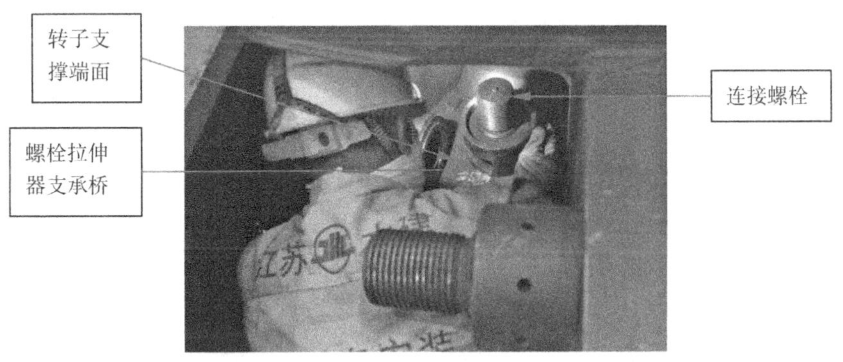

图 4.43　安装支承桥

图 4.44　架设百分表

(2) 转子吊出

使用 2 根 ϕ34 mm×18 000 mm 钢丝绳，单根并 4 股进行起吊，每股钢丝绳穿过转子钢结构吊装部位(在钢丝绳与吊装部位接触点垫上护垫，用于保护钢丝绳和钢结构)，挂于主钩上，并于 ϕ34 mm×18 000 mm 钢丝绳 90°方向各挂 1 只 10 t 的手拉葫芦作为辅助平衡吊具，点动主钩，在转子脱离支撑后，将转子调平(通过水平仪观测，调整手拉葫芦)。

图 4.45　拆吊转子

在电机定子与转子的空气间隙中，按照均匀的 8 个方位插入青壳纸条，并不断上下拉动纸条，确保整个起吊过程中无卡阻现象。如有碰擦，应及时停止上吊，微调行车主钩位置，确保转子对中。

图 4.46　拉动青壳纸条

将电机转子吊出机坑后，吊运至检修间专用木方上。

4.3.10　上操作油管及上段电机轴拆除

（1）拆除电机轴与推力头连接螺栓

在电机轴与连接螺栓上分别编号标记，共 12 颗螺栓，使用 36# 扳手拆卸。拆卸时先松动全部螺栓，然后保留 4 颗位置互相对称的螺栓。

（2）吊出电机轴

在电机轴顶部丝孔内安装螺丝吊环，使用 ϕ21 mm×8 000 mm 钢丝绳穿过，连接在主钩上。主钩缓慢上升直至钢丝绳微微绷直，拆卸电机轴与推力头连接的剩余 4 颗螺栓，随后吊起电机轴，运送至指定位置，底部垫木方。

图 4.47　拆吊电机轴

（3）拆卸上段操作油管

拆除上段操作油管与中段操作油管连接处的螺栓，在上段操作油管顶部丝孔内安装螺丝吊环，使用 ϕ21 mm×8 000 mm 钢丝绳将上段操作油管吊运至指定位置，底部垫木方。

图 4.48　上段操作油管

4.3.11 电机推力头及中操作油管拆除

(1) 取出推力头与电机转子连接螺栓

将推力头与电机转子的连接螺栓拆卸并吊出,吊出过程中,为区别上下螺母,在下螺母上做好记号。

图 4.49 推力头

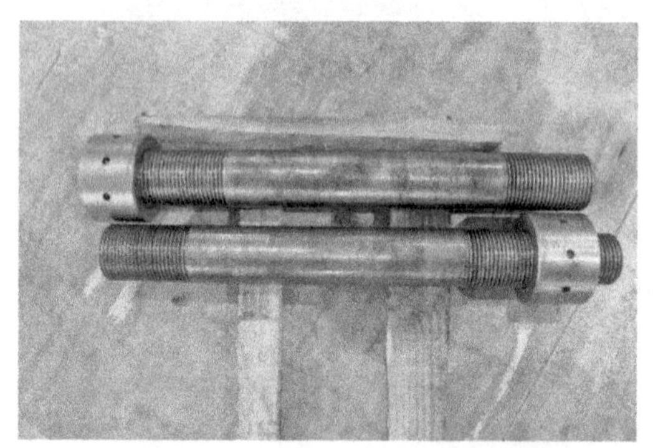

图 4.50 推力头与转子连接螺栓

(2) 在叶片与叶轮外壳处垫上铜板

通过出水流道进入机组叶轮室,将 6 mm 厚铜板垫在叶轮与叶轮外壳处(叶轮头固定)。

(3) 排出下油缸内的油

打开下油缸排油闸阀,将油排入油箱内。

(4) 拆卸联轴器旁测速架

在电机顶盖区域架设脚手架,拆卸下机架 2 个踏板,拆卸顶盖部位的 2 个测速架,并吊出,再将 2 块踏板安装复位。

(5) 拆卸中轴与水泵轴联轴器的螺栓

在水泵顶盖上搭建检修平台，拆除联轴器上16颗螺栓(使用115#专用扳手)。

步骤如下：

①清除螺母和螺杆顶部丝纹里的油漆，方便螺母拆卸；

图4.51　清除油漆

②使用液压扳手松动联轴器螺母；

③取下螺母后，将螺栓取出，然后将螺母及螺栓对应组装、编号，放在指定位置。

图4.52　联轴器螺栓

(6) 拆卸推力头与镜板连接螺栓及定位销

推力头与镜板间有6颗连接螺栓和6只定位销，先拆卸推力头和镜板间的连接螺栓，再拆卸剩余6只定位销。

定位销拆卸方法：使用的专用工具为方形钢板，中间开一小孔，将螺栓穿过小孔连接在定位销内的螺纹上，在定位销上套上套筒，套筒上安装方形钢板，架好螺杆，在螺杆上安装螺母形成并丝，确保最底下螺母紧贴钢板，使用扳手转动螺母，向下挤压钢板，带动螺杆向上提升，拔出定位销。

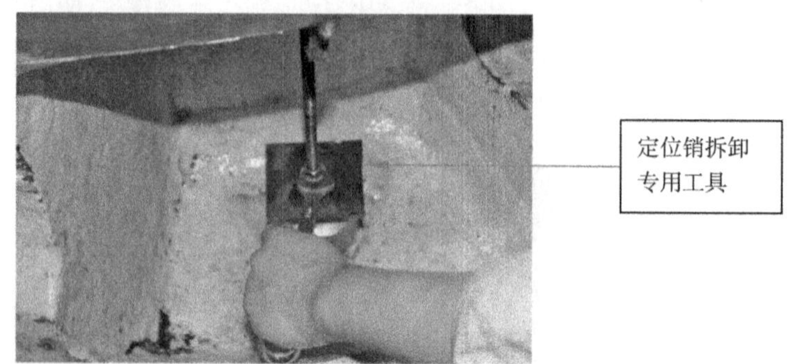

图 4.53　拆卸定位销

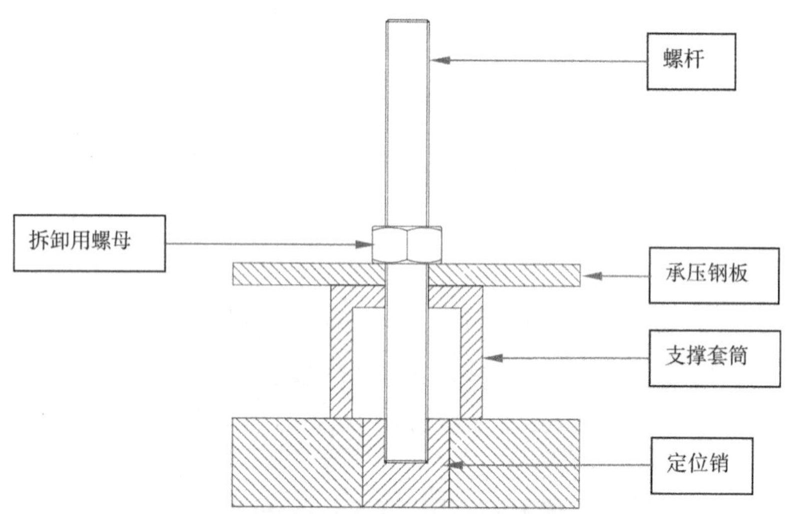

图 4.54　定位销拆卸专用工具示意图

(7) 拆卸下机架底部挡板

挡板分为内外两圈。在挡板及下机架对应位置做好标记，方便安装时定位。

先拆除内圈挡板。在拆除外圈挡板时，先拆除底部 3 颗螺钉，将拆卸用的 3 根长螺杆(全丝)旋进螺孔内，并从螺杆底部将螺母旋进，直至螺母贴住挡板。然后拆除剩余的螺丝，拆除完毕后，转动螺母，使挡板缓慢下降，最后运至指定位置。(此工序是防止挡板在拆卸过程中突然坠落。)

(8) 拆卸下油缸挡油筒

先拆卸下油缸油筒底部的螺丝，下面放置油盆，排尽下油缸底部剩余的油。

图 4.55　拆除下油缸下挡板

拆卸下油缸挡油筒，步骤如下：

①先拆除挡油筒和油缸底部连接螺栓，挡油筒对角保留几颗螺栓最后拆；

②使用 2 根钢丝绳，每根钢丝绳的一端连接在挡油筒底部，另一端绕过下油缸附近固定的定滑轮，与手拉葫芦吊钩连接，手拉葫芦挂在顶盖内侧墙面吊点上，通过手拉葫芦松紧，使挡油筒缓慢下落。

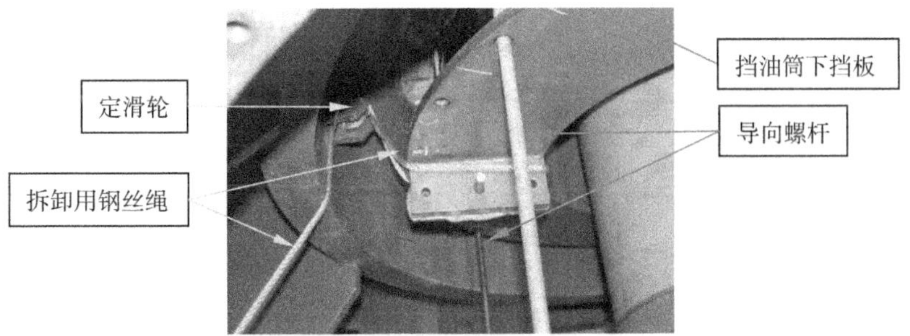

图 4.56　安装拆卸用钢丝绳

图 4.57　安装葫芦

③在对称方向的螺钉孔内装设导向杆，然后拆除剩余螺栓；

④缓慢拉动葫芦，慢慢松动钢丝绳，挡油筒依靠自重顺着导向杆方向缓慢下降；

图 4.58 挡油筒下降

⑤在平台上放置木方，挡油筒缓慢落在木方上；

⑥拆开挡油筒外侧挡板。

(9) 吊出推力头

使用 U 型吊环和 ϕ34 mm×18 000 mm 钢丝绳，穿过推力头上对称的两个孔，并挂在行车主钩上，缓慢吊起推力头，放置在推力头支架上。

图 4.59 吊推力头

(10) 拆卸中段操作油管

在中段操作油管顶部丝孔内安装 4 个吊环，使用 ϕ21 mm×8 000 mm 钢丝绳将中段操作油管上端悬挂行车副钩进行固定，然后将中段操作油管与下段操作油管连接处的螺栓拆除，将中段操作油管吊装至指定位置木方上。

图 4.60　拆吊中段操作油管

4.3.12　电机下机架拆卸

(1) 拆除辅机设备管路及测温装置信号传输线

拆除辅机设备管路及测温装置信号传输线，为下机架吊出做准备。拆除的管路及传输线路包括：①定子线圈下方的消防管路；②下油缸冷却水进回水总管路；③下油缸各冷却器之间进回水管路；④液压减载进回油管路；⑤12 块推力瓦压力显示表；⑥定子线圈底部的挡风板；⑦下油缸推力瓦、导轴瓦测温装置及传输线；⑧振动摆度测量装置及传输线。

(2) 拆卸下机架地脚螺栓

(3) 拆卸下机架脚踏板

拆卸下机架一圈脚踏板，共计 8 块，做好标记，拆除后吊运至指定位置。

(4) 吊出下机架

使用 ϕ34 mm×18 000 mm 钢丝绳，捆缚下机架 4 个支腿后挂于主钩上，将下机架吊运至指定位置。

图 4.61　拆吊下机架

（5）吊出下机架其他部件

将之前拆卸下来的下机架零部件逐一吊出，包括：①下机架底部内外两圈挡板；②下油缸挡油筒；③挡油筒外圈挡板；④测速架。

4.3.13 电机下油缸设备拆除

（1）拆卸下油缸导轴瓦瓦架

拆卸下油缸导轴瓦测温线并抽出，将 4 个专用吊环安装在瓦架内圈，步骤如下：

①旋松抗重螺栓，同时调紧锁母，将其适当旋出一定长度，为安装吊环留出位置，方便吊环旋转；

②将吊环安装在抗重螺栓旁边的丝孔内并拧紧，在四个正对的方向放置好吊环，使用 U 型吊环连接在螺丝吊环和吊带上，将瓦架缓慢吊起，放置在指定木方上。

（2）镜板吊出及翻身

镜板外圈直径为 230 cm，内圈直径为 138 cm，镜板丝孔间的直接距离为 180 cm，丝孔孔径为 6.5 cm。再裁剪绝缘垫，使其长度能满足镜板内外圈半径差，宽度约为 10～15 cm，放置在镜板架上，并摆放一圈，中间适度留空隙。

图 4.62 镜板研磨支架

吊出镜板步骤如下：

①抽出镜板上的绝缘板；

②使用 2 颗连接推力头与镜板的连接螺栓，分别安装在镜板外圈相对的两个方向，并旋紧（外圈共有 4 个丝孔），用一根吊带，先连接在其中一个螺栓上，并挂于行车主钩，由于镜板和推力瓦之间有油膜，黏着吸附力较强，所以先从一个点起吊，吊起一些间隙后，使用 1 cm 厚的耐油橡胶垫塞入镜板与推力瓦间隙

中，放下主钩，将另一端的螺栓上也安装吊带，挂在主钩上，缓慢吊起整个镜板。

图 4.63　吊镜板

镜板翻身步骤如下：

①先将主钩和副钩同时落下，用一根吊带从镜板一侧中间的底部穿过（2 颗螺栓将镜板分为 2 个半圆，任选一个半圆的中间部位即可），再绕过来从其上部穿过，打一个结，使吊带紧扣在镜板上，将吊带穿出的一头挂在副钩上；

②缓慢抬升副钩，直至吊带拉直，再继续向上拉，使镜板从水平变成垂直，点动副钩（主钩的吊带拉在 2 颗螺栓上，防止副钩拉动镜板，导致主钩上的吊带不受力而松动脱落），直至镜板大约接近垂直于地面时，放下副钩，由于主钩挂的 2 根吊带紧紧拉在螺栓的根部，与镜板外圈相接，摩擦力很大，所以放下副钩也不会导致镜板转回水平位置；

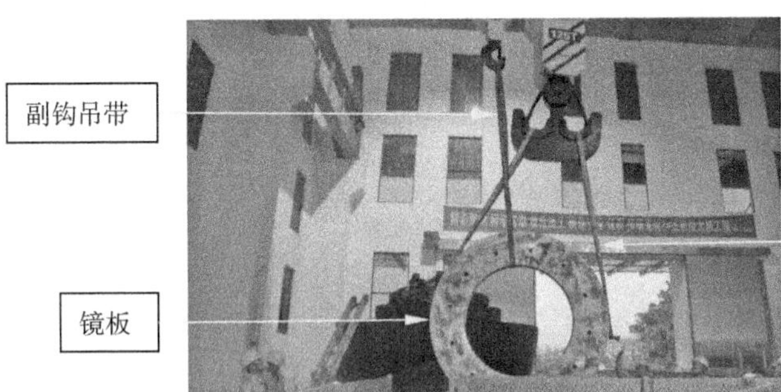

图 4.64　镜板翻身

③拆掉镜板上端的吊带，使用同样的方法将吊带挂在镜板底部，并拉紧，用副钩缓慢拉升，将镜板的底部拉过最低点，并再次上提，从而使镜板另一面翻上来，直至拉至镜板处于水平位置，再降下副钩，取下吊带；

④将镜板吊运至镜板研磨台上。

图 4.65　镜板倒置于研磨支架

(3) 拆卸冷却器

①先用 2 根吊带配合 U 型吊环固定住冷却器进出水管口,用副钩拉紧吊带;

②在下机架垂直放置一根钢管,钢管上放一台 20 t 的千斤顶,适当调整千斤顶高度,使千斤顶顶部与冷却器外侧下沿贴紧;

③将吊带挂在冷却器框架尾部并拉紧;

④拆除冷却器连接螺栓,用千斤顶将冷却器外缘底部顶起,使接触面松动,随后将冷却器外侧进出水管口提起,确保冷却器安全吊出。

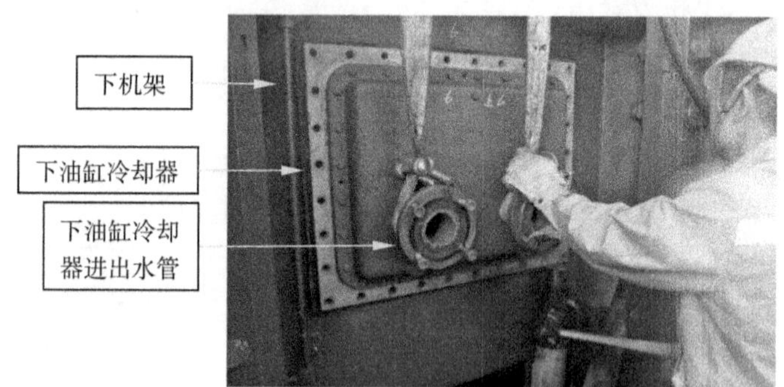

图 4.66　拆吊下油缸冷却器

(4) 拆卸推力瓦、瓦托

①使用 19# 扳手拆除 24 块推力瓦和瓦托之间连接的卡扣;

②使用 30# 扳手拆除每块推力瓦的测温装置;

图 4.67　拆卸推力瓦测温装置

③拆除每块推力瓦的液压减载进油管；

图 4.68　拆卸推力瓦液压减载进油管

④拆下推力瓦的进油控制直角单向阀；

⑤将螺丝吊环拧进推力瓦的丝孔，再用 U 型吊环配合吊带挂在副钩上；先将推力瓦从油缸内侧向外侧推，由于推力瓦和瓦托之间有油膜，接触面积大，吸附力也较大，且推力瓦和瓦托之间有凹凸接触面，有一根导向槽，更增大了摩擦力，向后方推瓦，可以减少接触面积，从而减少起吊重量；随后分别吊起各推力瓦和瓦托，放在指定位置。

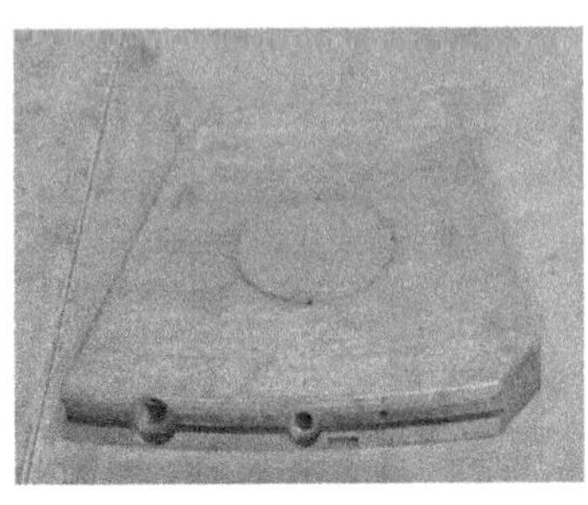

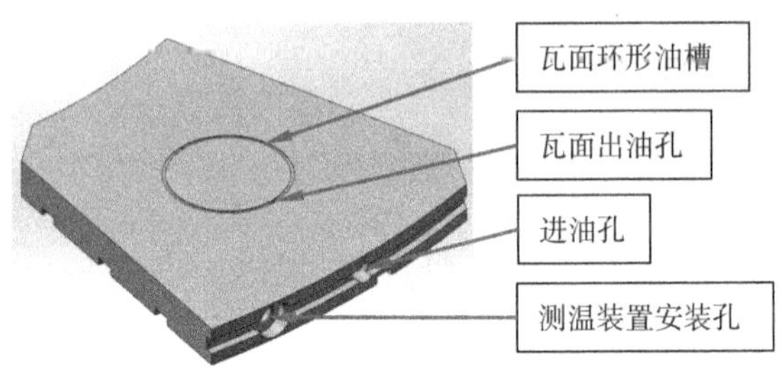

图 4.69　推力瓦实物及示意图

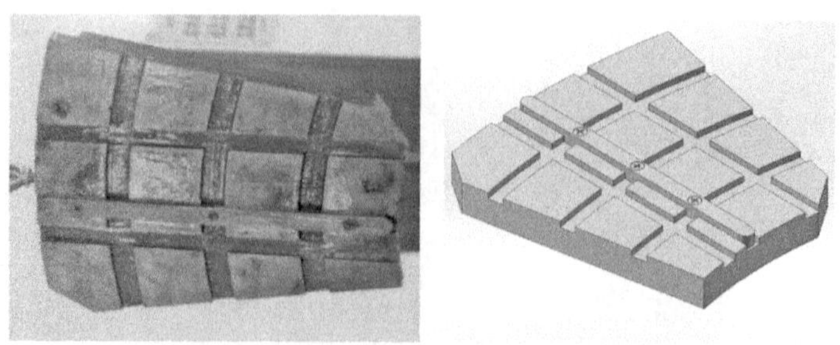

图 4.70 瓦托实物及示意图

4.4 水泵拆卸

4.4.1 工作密封拆卸

(1) 动环拆卸

使用松锈剂对动环连接部位的螺栓进行除锈,然后拆卸连接螺栓。

(2) 静环拆卸

使用松锈剂对静环连接部位的螺栓进行除锈,然后拆卸连接螺栓。

图 4.71 动静环及空气围带室

(3) 静环座拆卸

使用松锈剂对静环座两瓣的连接部位以及与空气围带室接触面的连接螺栓进行除锈,然后拆卸连接螺栓。

4.4.2 检修密封拆卸

先拆除空气围带进气管路,再使用松锈剂对空气围带室两瓣连接部位以及空气围带底座与水泵顶盖连接部位的螺栓进行松动,拆卸连接螺栓,将空气围带室与水泵顶盖分开，取出空气围带。

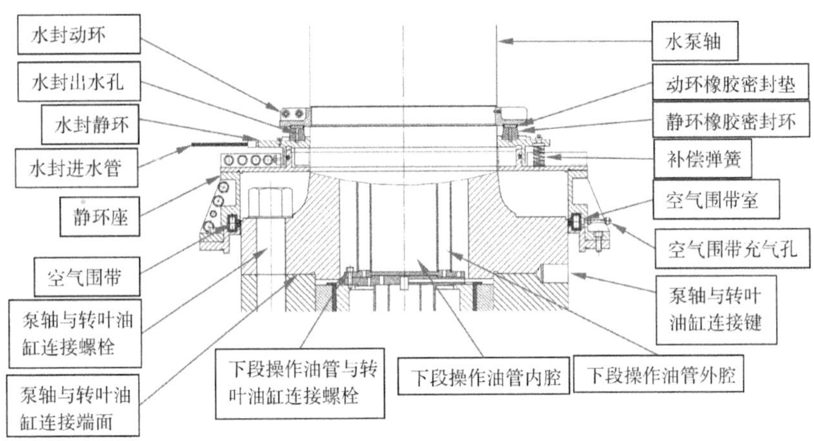

图 4.72　动静环及空气围带室剖面图

4.4.3　水导油缸设备拆卸

将之前拆卸下来的水导轴瓦、冷却水进出水管、动静环、静环架等零部件吊运至指定位置。

(1) 测量水泵导轴承与泵轴之间的间隙

先拆除水导油缸缸盖上端的压环，再拆除水导油缸缸盖，将油缸内的油抽出，用塞尺测量水导轴瓦与泵轴间的原始间隙。

(2) 拆卸水导油缸缸体

拆卸水导油缸外壳的底座连接螺栓，拆卸挡油筒与油缸底部连接螺栓，然后在底座上对称的 4 个点位安装 U 型吊环，并将水导油缸外壳吊装至指定位置。

图 4.73　抽排水导油缸油

图 4.74　水导油缸相关部件

图 4.75　拆除水导轴承体

图 4.76　吊出水导油缸缸体

(3) 拆卸水导油缸挡油筒

将空气围带室吊运至指定位置,为拆卸挡油筒腾出空间。拆卸挡油筒两瓣连接处的螺栓,再将其分别吊运至指定位置。

图 4.77　水导油缸挡油筒(分瓣式)

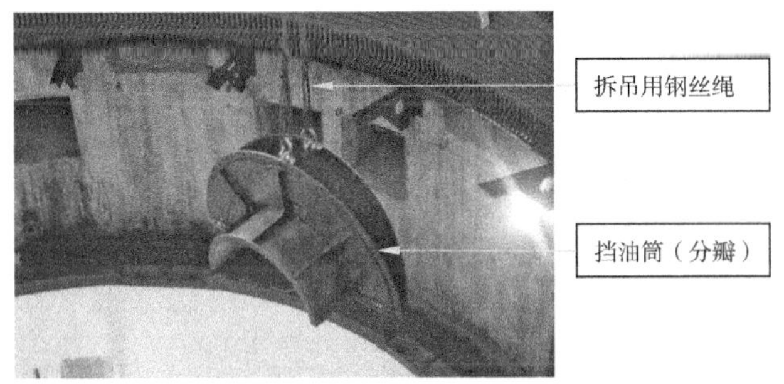

图 4.78　水导油缸挡油筒拆除起吊

4.4.4　水泵轴及下操作油管拆卸

(1) 拆卸水泵轴与叶轮头连接螺栓盖板

在盖板上 4 个丝孔中安装螺丝吊环,分别将两瓣盖板解体吊出。

图 4.79　拆卸泵轴与叶轮头连接螺栓防护盖板

(2) 拆卸水泵轴连接螺栓

使用角磨机切断连接螺栓之间焊接的防松钢筋,然后使用 115# 专用扳手拆卸螺栓,拆卸方法同拆卸联轴器螺栓,共拆卸 16 颗螺栓。

图 4.80　拆卸泵轴与转叶油缸连接螺栓

(3) 吊出水泵轴

吊装采用 4 根 ϕ34 mm 钢丝绳,使用泵轴吊装专用工具配合联轴器连接螺栓在泵轴上端面安装 2 个吊点,将钢丝绳挂于主钩上,吊出泵轴至指定位置木方上。

图 4.81　拆吊水泵轴

(4) 拆卸下段操作油管

将下段操作油管与转叶油缸进油管连接处的螺栓拆除,在下段操作油管顶部丝孔内安装螺丝吊环,使用一根 ϕ21 mm×8 000 mm 钢丝绳,穿过吊环安装在 U 型吊环上,将下段操作油管吊装至指定位置,底部垫木方。

(5) 取出转叶油缸键销

将泵轴和转叶油缸连接面的键销取出,共计 8 个,并在各键销和原对应位置做好记号。

图 4.82　吊下段操作油管

图 4.83　转叶油缸与泵轴连接面固定键销

(6) 拆卸空气围带室部件

使用内六角扳手拆卸空气围带室底座压环上的螺栓,压环连接在顶盖上,拆卸后吊出。

图 4.84　拆卸空气围带室底座

图 4.85　空气围带室底座

4.4.5　水泵顶盖拆卸

先在水泵顶盖的支撑盖、上盖、中盖垂直方向的相同位置做好标记，支撑盖共 4 瓣，上盖共 4 瓣。

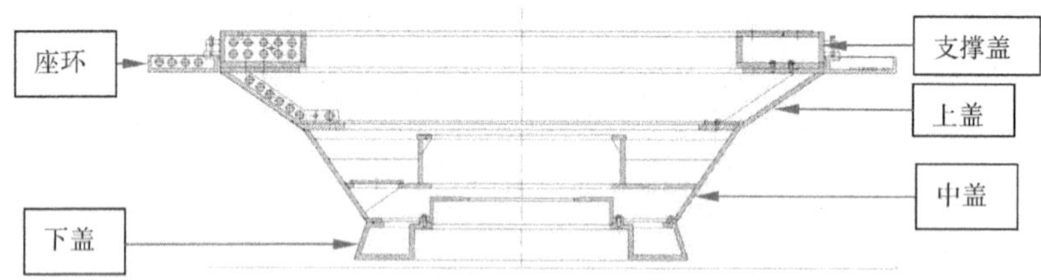

图 4.86　水泵顶盖装配图

使用 75[#] 扳手拆卸顶盖部位连接螺栓，先拆卸上盖与中盖间的螺栓，每瓣保留 2 颗与中盖的连接螺栓，共计保留 8 颗，用钢丝绳将中盖和下盖吊起，钢丝绳微微绷直受力，再拆卸上盖与中盖间剩余的连接螺栓，随后将中盖和下盖放下，落在叶轮头上，上盖与中盖下盖完成分离。

图 4.87　分离上盖和中下盖

再拆除支撑盖与座环的连接螺栓，拆除完毕后，使用顶丝将支撑盖外缘从座环上顶起，松动连接部位，拆卸支撑盖各瓣间的连接螺栓。

图 4.88　拆卸支撑盖分瓣连接螺栓

拆除支撑盖各瓣间的定位销。定位销位于各瓣连接处，将各瓣相互挤压牢固。拆卸步骤如下：

①将螺母焊接在定位销顶部；

②使用中间冲有小孔的槽钢，使螺杆刚好能够从孔内穿过，螺杆底部旋紧在螺母内，上部使用螺母压在槽钢上，槽钢两端放置 2 台 20 t 的液压千斤顶，千斤顶倒置，底座顶住槽钢，顶部顶住支撑盖连接部位，增大槽钢受力面积，避免千斤顶头部面积过小而压力增大时槽钢被顶得两端变形弯曲，无法有效拉伸中间部位，最后两台千斤顶同步顶起，将定位销拔出。

图 4.89　拆卸支撑盖板间定位销

使用相同的方法，拆除每瓣支撑盖与上盖间的定位销。拆除完后，将各瓣支撑盖分别吊出，再将各瓣上盖分别吊出，最后吊出中盖和下盖整体。

图 4.90　拆吊支撑盖

图 4.91　吊支撑盖(侧面)

图 4.92　拆吊上盖

图 4.93　拆吊中下盖

4.4.6 叶轮头吊出

使用 ϕ34 mm 钢丝绳，利用工作螺栓在轮毂与泵轴组合面处安装 4 个吊点，每个吊点使用 4 根钢丝绳，钢丝绳捆缚吊点后挂于主钩上，将叶轮部件吊运至检修间的叶轮托架上。

图 4.94　吊叶轮头

4.4.7 转叶油缸拆卸

（1）放出叶轮头腔内汽轮机油

在叶轮头底部放置一个油盆用来放油，使用滤油机抽取并过滤盆中的油，滤油机出油端放在联轴层清油箱内。

拆卸底部放油螺栓，叶轮头底部共有 2 个螺栓，其中一个大螺栓连接在叶轮头上，小螺栓连接在大螺栓上，拆卸时只拆除小螺栓，用来控制放油速度，直至放完油。

图 4.95　吊出叶轮头

图 4.96　叶轮头放油

（2）拆卸保护罩

拆卸转叶油缸与叶轮头连接螺栓上面的保护罩，先在盖板和转叶油缸相同部位做上记号，再拆卸保护罩上的小螺丝，并使用磨光机切割掉连接保护罩与转叶油缸的连接片，敲掉连接片，再将保护罩吊运至指定位置。

图 4.97　拆卸转叶油缸与轮毂体连接螺栓保护罩

图 4.98　吊连接螺栓保护罩

(3) 拆卸轮毂下端盖

先在检修间空地上放好木方，使用行车主钩吊起叶轮头，并放置在木方上方，使用 36# 扳手拆除叶轮下端盖连接螺栓，利用螺栓给叶轮下端盖顶丝启缝，使叶轮下端盖与轮毂分离，带动盖板与叶轮头分离，并确保盖板落在木方上，最后再次吊起叶轮头，放置在叶轮托架上。

图 4.99　拆卸叶轮头下端盖

(4) 转叶油缸拆吊

①拆除操作盘底部压板上的螺栓，取下压板。

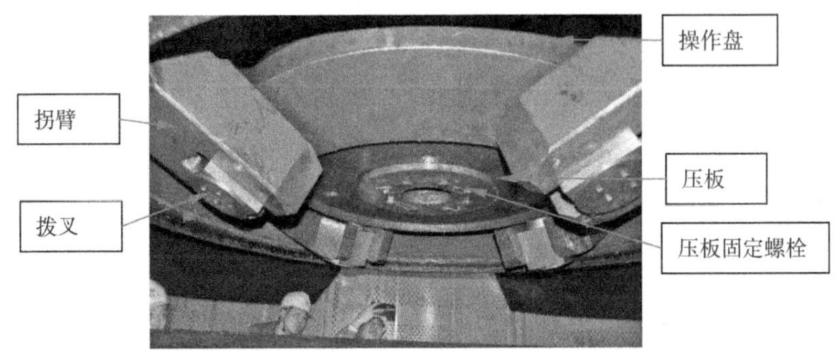

图 4.100　拆卸压板

②拆除转叶油缸与轮毂体连接螺栓及定位销。

使用角磨机切掉转叶油缸与轮毂体连接螺栓之间焊接的防松钢筋，再用专用扳手拆卸螺栓。将螺杆拧进定位销丝孔内，上方放置钢板，钢板下放置 2 台千斤顶，在钢板上端用螺母固定，撬动千斤顶将定位销拔出。

③安装转叶油缸吊装专用工具。

在转叶油缸与泵轴连接面，安装吊叶轮头专用工具，使用钢丝绳穿过吊装工具连接在主钩上，向上起吊 20 cm，在转叶油缸与轮毂体连接端面放置木方，再缓慢下降，使转叶油缸落在木方上，并安装3个转叶油缸专用吊具(位置见图4.106)。

图4.101　拆卸转叶油缸与轮毂体连接螺栓

图4.102　拆卸转叶油缸与轮毂体定位销

图4.103　吊起转叶油缸20 cm

④拆吊转叶油缸。

在安装的3个吊点中，2个位于同侧，使用钢丝绳挂于行车主钩，另一个使

图 4.104　安装转叶油缸专用吊具

用钢丝绳挂在行车副钩。在操作盘上对称放置 2 个千斤顶，稍稍提升行车主副钩，带动转叶油缸和操作盘向上，使千斤顶顶住轮毂体内缘。撬动千斤顶，将操作盘向下顶出，带动 4 只定位销一同被顶出。此时转叶油缸与操作盘完全分离，使用行车将转叶油缸吊出。

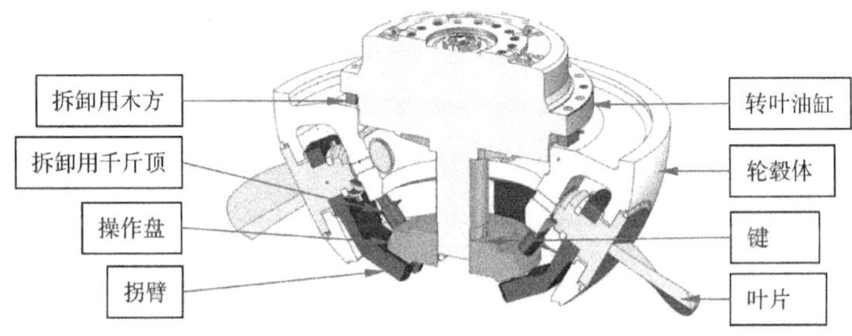

图 4.105　分离转叶油缸与操作盘

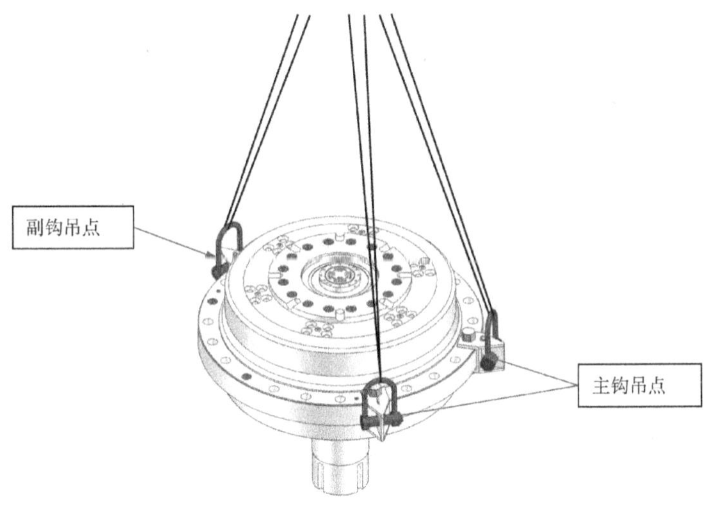

图 4.106　吊转叶油缸

④转叶油缸翻身。

缓慢下降副钩,直至副钩不受力,拆除连接吊点。

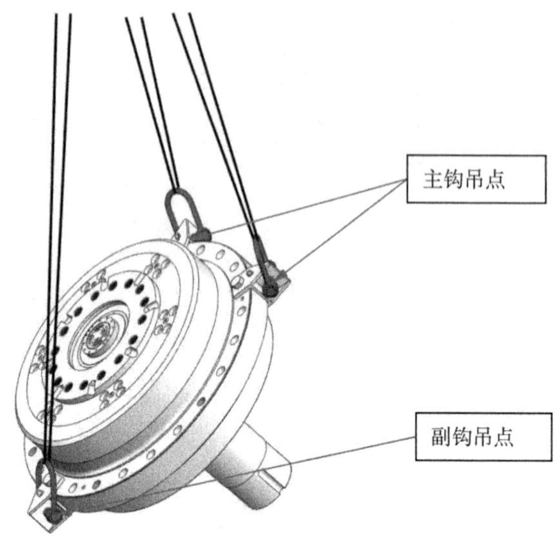

图 4.107 缓慢下降副钩

将转叶油缸转动 180°,将钢丝绳从下方穿过副钩吊点,挂于副钩上,并缓慢起吊副钩,确保翻转平稳。

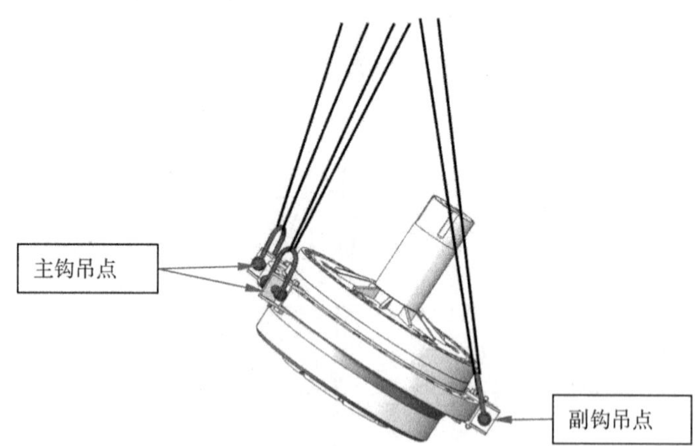

图 4.108 转叶油缸翻身过程

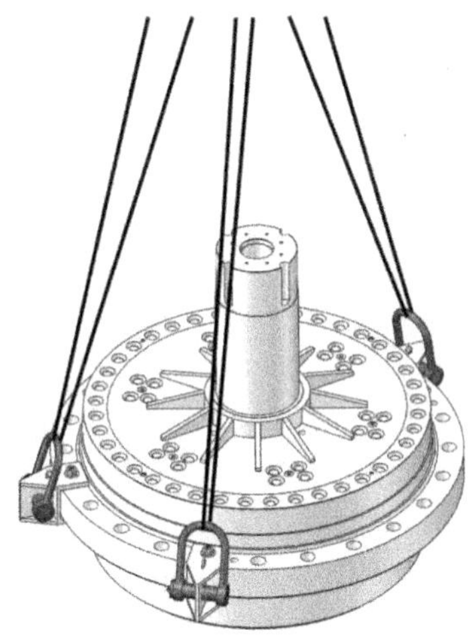

图 4.109　转叶油缸翻身成功

最后将转叶油缸放置在专用架上。

图 4.110　转叶油缸(倒置后)

第五章　部件检修

5.1　水泵检修

5.1.1　叶轮室检修

5.1.1.1　叶片与叶轮室间隙测量

机组拆解前、安装时应分别测量各叶片上、中、下部位与叶轮室间的间隙，并按照《大中型泵站主机组检修技术规程》要求进行调整，确保所测半径与平均半径之差不应超过叶片与叶轮室设计间隙值的±10%。皂河站叶轮直径为5.7 m，叶片与叶轮室之间平均间隙应控制在5.1～6.3 mm之间。

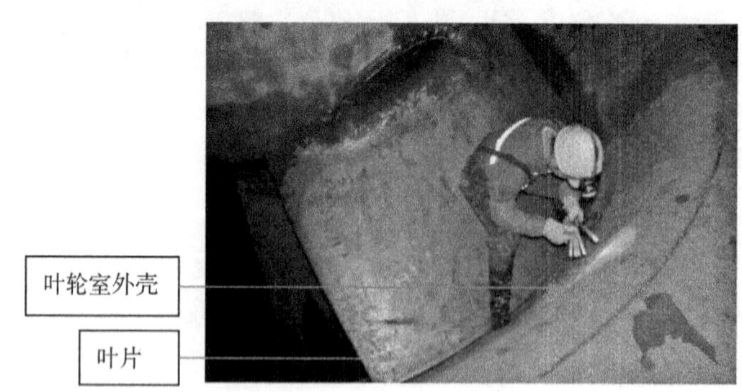

图5.1　测量叶片间隙

5.1.1.2　汽蚀及磨损处理

拆解完毕后，进入叶轮室检查导叶体、叶轮室、导流锥等部件的汽蚀、锈蚀及磨损情况，拍照并绘图标注损坏部位的位置、面积、深度。对导叶体、叶轮室、导流锥等部件进行喷砂处理，对汽蚀和锈蚀严重部位进行补焊、打磨处理，然后刷一层环氧底漆，最后刷两层金刚砂环氧面漆。

5.1.2　叶轮部件检修

5.1.2.1　叶轮部件密封试验

叶轮油压密封试验可以按照常规的注油加压、保压程序进行，试验时间不低于 16 h，压力 0.5 MPa，以检验叶片枢轴密封、下盖与轮毂体之间密封的可靠性。

在叶轮头上方加装密封橡胶垫和密封圆盘，圆盘上分别开进油孔和回油孔，向进油孔注油，在叶片和叶轮轮毂、叶轮头下盖与轮毂体连接处撒上白色粉末（面粉、石灰粉等），以观察加压后是否有油渗出，从而判断漏油点。

图 5.2　叶轮头密封试验 1

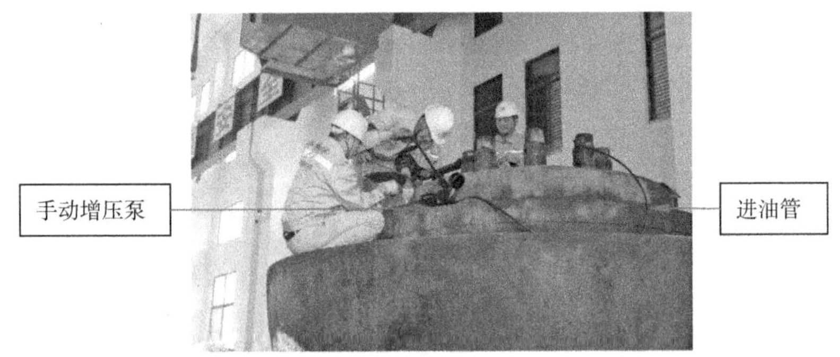

图 5.3　叶轮头密封试验 2

5.1.2.2　叶轮头解体检查

皂河站水泵叶轮直径 5.7 m（球径 6.58 m），对叶轮头进行解体及检查，解体步骤如下：

①机组解体后，将叶轮头吊入检修间；

②检测叶轮叶片外径及转轮室内径，保证叶轮外径与转轮室的间隙均匀，叶片与叶轮室之间平均间隙应控制在 5.1～6.3 mm 之间；

③对叶轮头进行解体，将叶片与轮毂体分离；

④叶轮轮毂体的检查：

a. 各密封件的检测，特别是叶片枢轴密封的检测。密封件为耐油橡胶件，一般均需要更新，其主要原因是在长期的运行过程中，会产生磨损和老化。

b. 轮毂体内各零件的检测。检查操作盘、拐臂、拨叉、卡环、圆销等零件有无缺陷及磨损现象，以确定是否需要维修或更换。将解体后的叶轮轮毂及叶片返厂，检测与叶片相连接的有关零件的配合，如拐臂、卡环、圆销、轮毂等。

5.1.2.3　轮毂体修复

由于叶轮轮毂体长期浸泡在水中，表面锈蚀比较严重，加之汽蚀损坏，需要修复；轮毂体内的密封件长期使用，会产生磨损、老化，需要更换。

皂河站水泵轮毂体为整铸结构，材料为铸钢。对轮毂体表面的缺陷进行焊补，以保证轮毂体过流部分与实验用的模型泵相似。轮毂体外球面与叶片内侧球面间隙均匀，最大正角度时非球面部分间隙控制在 1～2 mm，保证叶片转动灵活。叶调操作机构重新装于轮毂体后，须保证叶片在整个角度调节范围内不产生卡阻现象。

叶轮部件返厂期间，叶片拆除后将轮毂体内各部件解体，逐一检查。修补轮毂体外表面的缺陷，对外球面进行除锈补焊，然后上大型数控立式车床，根据上下止口调校中心，对轮毂体的外表面进行加工处理，保证轮毂体与叶片能准确配合，轮毂球面的尺寸精度、形位精度、粗糙度等符合设计要求。轮毂体维修完成后采用环氧金刚砂涂层进行表面处理。

图 5.4　叶轮部件翻身

图 5.5　检测叶片粗糙度

图 5.6　叶片枢轴轴套检查

图 5.7　拆卸后叶片枢轴外径检测

图 5.8　叶轮头加工前相关机械数据检测 1

图 5.9　叶轮头加工前相关机械数据检测 2

图 5.10　叶轮头加工前相关机械数据检测 3

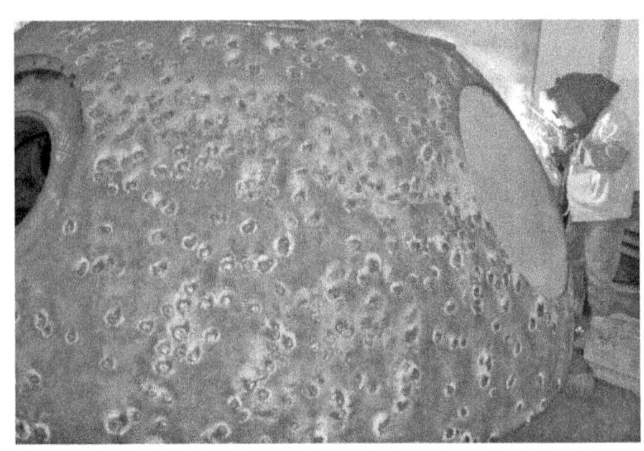

图 5.11　轮毂过流面汽蚀修补

5.1.2.4　叶片外圆加工

叶片外圆为球面，其尺寸精度、形位精度要求均较高，叶片外圆与叶轮室内壁之间的间隙既不能过大而产生流量损失，也不能过小而产生碰擦现象，以保证水泵正常的运行性能。具体加工过程如下：

①将叶轮的油缸面朝下，4 只叶片的安放角尽量处于较大的负角度，保证叶片进出水边之间的高差尽量小，用楔铁塞实叶片根部与轮毂体表面之间的间隙，将各叶片之间用钢板焊接固定，保证加工时叶片固定；

②以油缸法兰面及止口为基准，将叶轮定位于立车工作台上，保证轴线与工作台旋转中心一致；

③校调好后，先对叶片外圆进行粗加工，检验尺寸及叶片外圆的跳动偏差，满足设计要求；

④精加工，保证叶轮外径满足事先确定好的尺寸要求，形位公差满足设计要求，表面粗糙度满足设计要求。

5.1.2.5　叶片密封件更换

对叶片枢轴密封及密封槽尺寸进行测量复核，对密封件进行更换，密封件的结构及尺寸应严格按照原泵叶片的密封件设计制造。

为确保叶片转动部分的密封性能良好，叶轮装配好后，对轮毂内腔做密封性试验，并保证叶片转动灵活，无卡阻现象。

5.1.2.6　转叶油缸改造维修

(1) 转叶油缸结构及部件

转叶油缸是水泵叶片调节的重要操作压力部件，在油缸的运输及解体过程中，应当对油缸所有部件采取保护措施。解体后，检查转叶装配、缸体装配、缸盖、密封块、密封铜环等零部件。

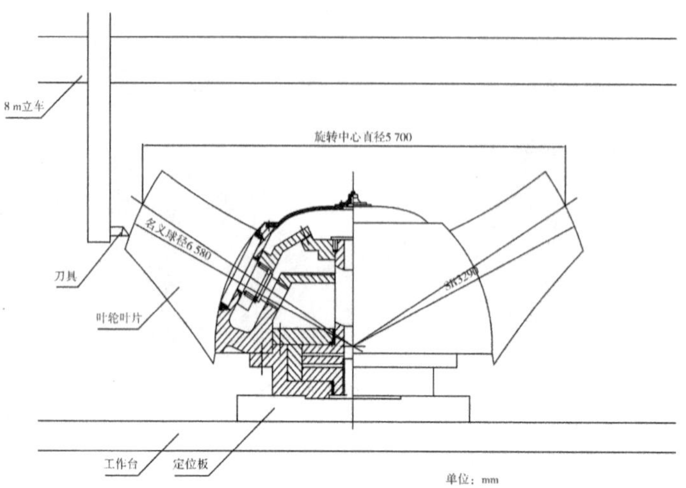

图 5.12　叶片外缘加工示意图

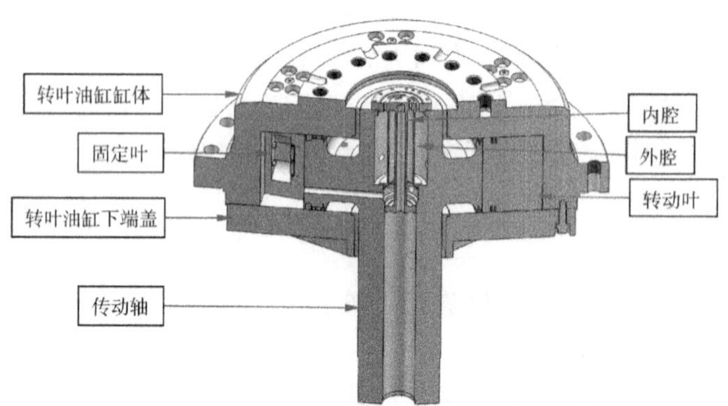

图 5.13　转叶油缸剖面图

图 5.14　转叶油缸缸体

图 5.15　缸体装配(内部结构)

图 5.16　固定叶局部

图 5.17　缸体底面密封压环

图 5.18　转叶体 1

图 5.19　转叶体 2

图 5.20　转叶体 3

图 5.21　转叶油缸上密封压环

图 5.22　转叶式密封条安装

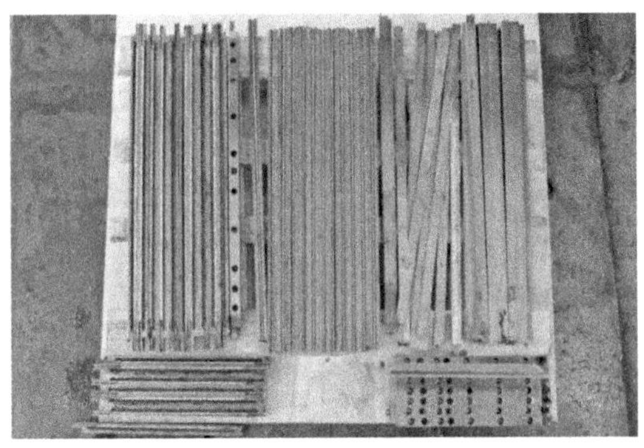

图 5.23　清洗后的密封组件

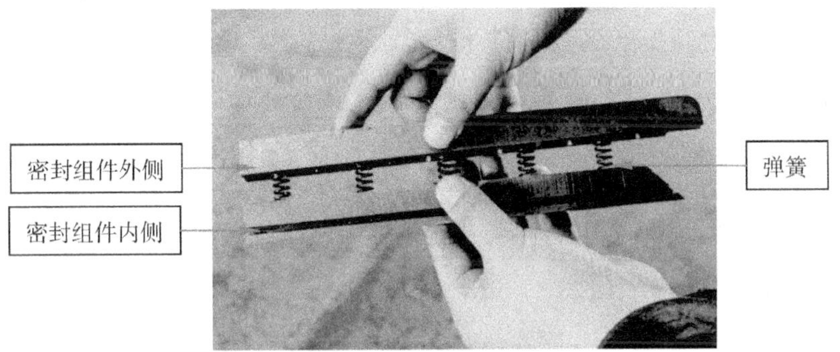

图 5.24　密封组件组合示意

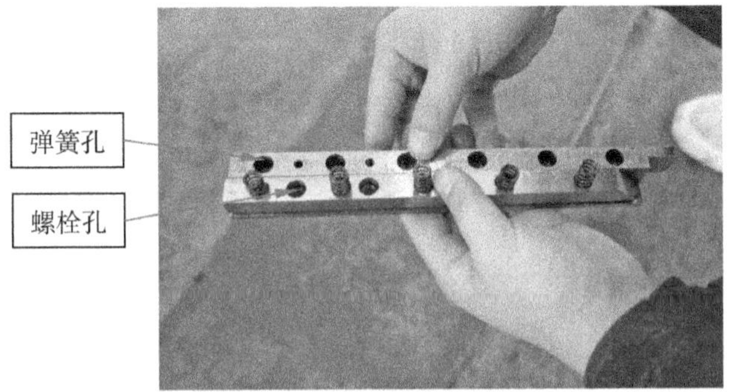

图 5.25　密封组件细部结构

图 5.26　转叶油缸下端盖

转叶油缸转叶共有 6 瓣，均布圆周，每瓣有上下横向槽各 2 道，轴向槽 2 道，转轴中心与转叶间有上下环形槽各 1 道。槽底部各密封和密封环底部为橡胶条/橡胶圈，橡胶条/橡胶圈上放置弹簧，密封块/铜环上开弹簧孔于弹簧上方，在密封块/铜环最上面有沟槽，橡胶条拼接并压于槽内，起到密封转叶与油缸壳体的作用。

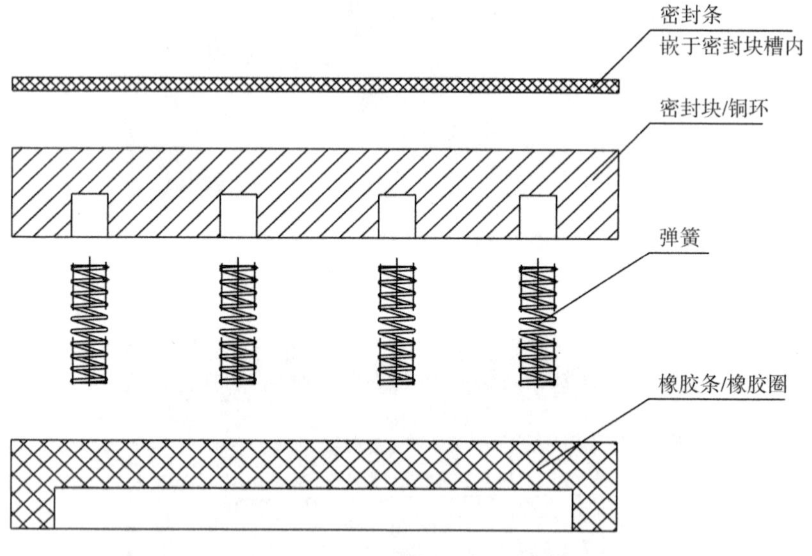

图 5.27　转叶装配原密封简图

固定叶为 6 块，仅在与转叶装配配合处有 2 道轴向槽，每道槽底部为塞铁，垫铁置于塞铁之上，密封块与垫铁之间为弹簧。

转叶与壳体的密封靠压力油浮起橡胶条/橡胶圈，再加上弹簧的弹力，使密封块或铜环与缸体靠实，达到密封的目的。固定叶与转叶的密封靠弹簧的弹力使密封块与转叶靠实，固定叶与缸体及缸盖间的密封则通过上下端面涂密封胶

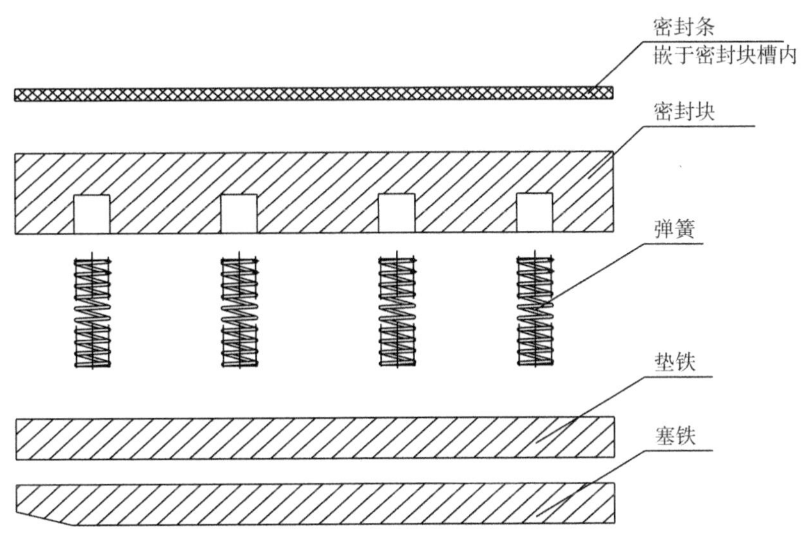

图 5.28　固定叶装配原密封简图

来实现。

因密封块/铜环侧面没有密封，在密封块/铜环的下面，也就是放置弹簧的间隙处，会出现沟槽的两端漏油过多现象，为避免此现象的发生，需要对转叶沟槽的侧面进行密封。

(2) 转叶油缸维修改造记录

2010 年，对 2 号机转叶油缸的改造方案如下。

①继续使用原横向密封条、轴向密封条、固定叶密封条和密封环，更换上述零件上面的各橡胶密封条。

②去掉横向密封条、轴向密封条、固定叶密封条、密封环下面的橡胶垫条和橡胶环，用相同尺寸的钢件置换，弹簧装配在槽底部，由于刚性支撑，大大增强了弹簧的浮力。

③在横向密封条、轴向密封条、固定叶密封条、密封环的两侧增开密封槽，嵌入密封胶条，杜绝各密封槽侧面的泄漏。

④设计上严格保证各密封条和密封环装配后，比配合上平面略低 0.1～0.2 mm，确保密封效果。

具体改造流程如下。

保持原转叶装配与固定叶上的沟槽尺寸不改变，测量各沟槽及与其相对应的密封块/铜环的实际尺寸，列表记录并按序号使其一一对应，按照实际的测量尺寸制作密封垫块，使其宽度与原密封块/铜环相等。在其与相对应的密封块/

铜环装配后置入相对应的沟槽，密封块/铜环最上平面比沟槽略低 0.1～0.2 mm，在密封垫块的侧面开 2 mm 深，4 mm 宽密封槽，并压入 3 mm 密封橡胶条，这种结构既改善了原结构弹簧软着陆的缺点，也解决了侧面密封的问题，见图 5.29。

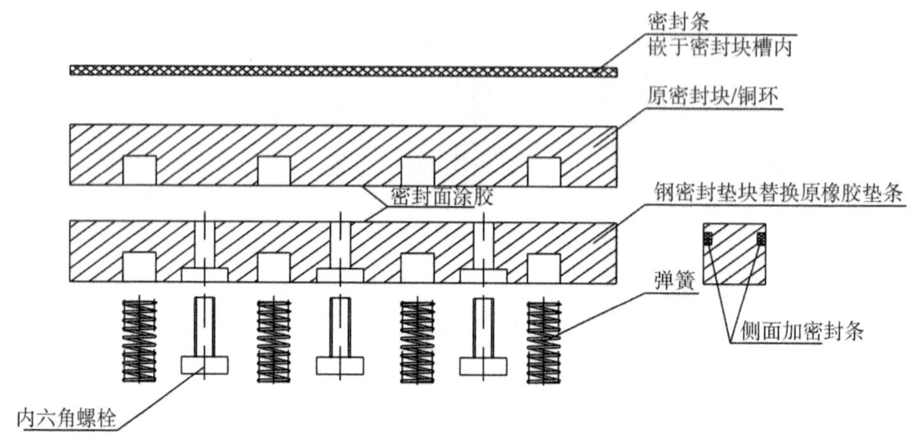

图 5.29　转叶装配密封改造方案简图

固定叶密封因安装需要和沟槽尺寸限制，无法制作相应尺寸的密封垫块，是以在原密封块上开密封沟槽并压入密封橡胶条，见图 5.30。

针对试验要求，准备 100 L/s 稀油站一套，前后反复试验了十多次。试验用油改 46# 为 32#，黏度更小，要求更高。首先更换全部弹簧，转叶两侧加紫铜刮板和橡胶垫板，以提高转叶和油缸之间的密封效果；其次平面圆角的圆形橡胶条改成矩形橡胶条，以减少圆角泄漏。

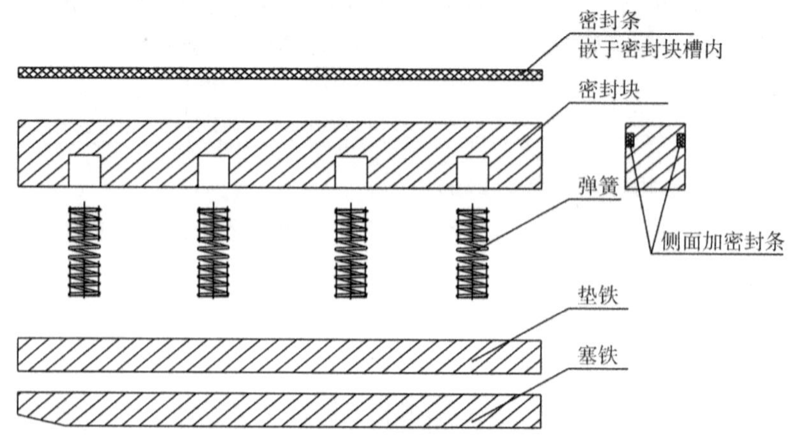

图 5.30　固定叶装配密封改造方案简图

(3) 转叶油缸密封试验

根据《皂河站转叶式油缸试验方法》，要求在油缸工作压力 2.5 MPa 时油缸泄漏量小于 38.4 L/min；刮板启动压力 0.2 MPa，全程动作时间小于 200 s。更换密封条后，对组装的转叶油缸进行压力密封试验，并得出报告，如图 5.31 所示。

6HL-129-00 油缸

油压试验检查报告

产品名称	油缸	产品图号		产品编号	
压力表精度等级	1.6	压力表量程	0~6MPa 0~10MPa	压力表有效期	2023.02.25
压力表编号	LY-03-12 LY-02-16	压力表表盘直径(mm)	60 100	试验介质	46#机油
铝离子含量(mg/L)	0	环境温度(℃)	-3℃	介质温度(℃)	-4℃
试验情况：					
起始转动压力检查	在压力 0.2MP 时转叶开始转动				
转叶行程检查	转叶行程不小于 27°，行程 108mm，全行程转动无卡滞现象。				
耐压试验	在转叶转到极限位置，压力上升至 2.5MPa，再加载至 3.8MPa，持续 30min，在 2.5MPa 和 3.8MPa 压力下缸体、缸盖无有害变形。				
泄漏量试验	压力 2.5MP 时，漏油量 14.9~15.3L/min				

质量部长：　　检验员：　　日期：

检验专用章

图 5.31　转叶油缸油压试验检查报告

5.1.2.7　叶轮头组装

(1) 组装前的准备工作

a. 按照叶轮头部件的总图明细，一一核对所有零部件及标准件。

b. 对不更换的零部件及标准件进行清理及清洗和复查，以确定元件没有任何缺陷和损伤。

(2) 转叶油缸部件的组装

a. 清洗活塞内腔、活塞杆及油路等。

b. 按照组装图，组装活塞组件。

c. 对活塞组件进行油压密封试验。

(3) 活塞组件与轮毂组装

a. 安装轮毂的内外铜套(原铜套如果有损坏，需更换)。

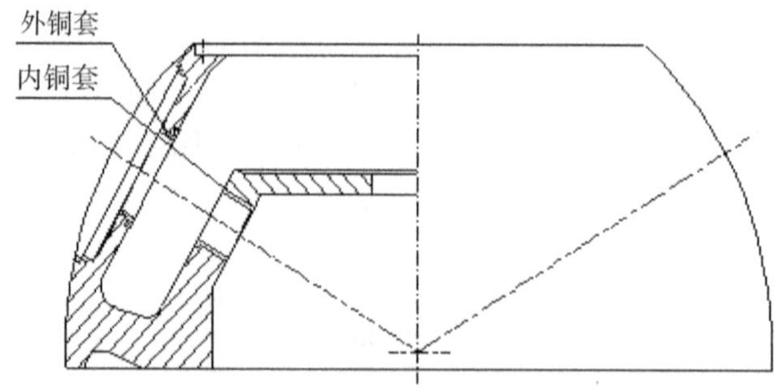

图 5.32　安装轮毂内外铜套

b. 组装轮毂与活塞组件。

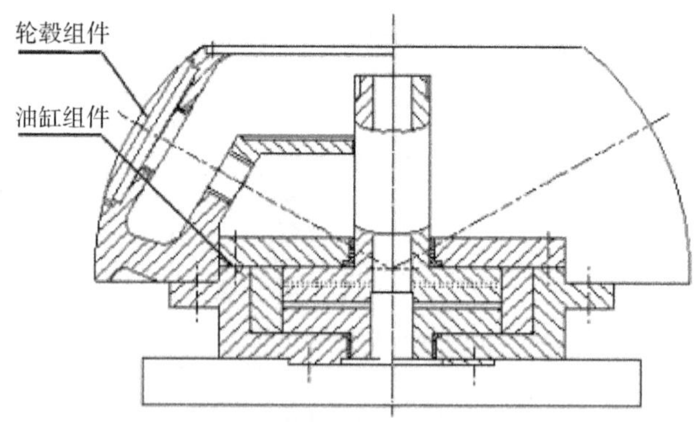

图 5.33　组装轮毂与活塞组件

(4) 叶片安装

根据设计角度，对好叶片安装角度，确定定位销位置，配合定位销孔，安装拨叉、卡环。

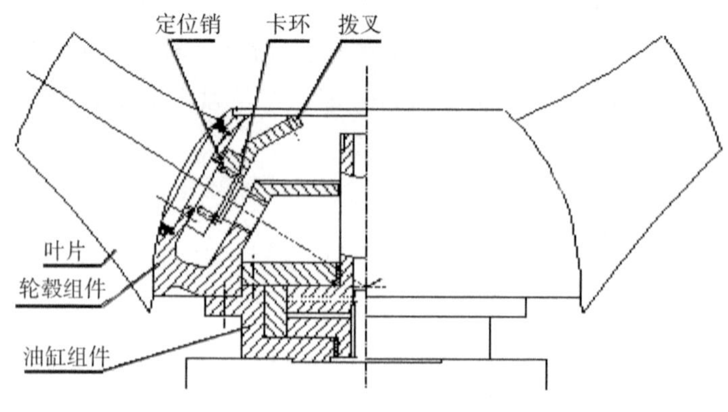

图 5.34　安装拨叉、卡环

(5) 安装操作盘、底盖

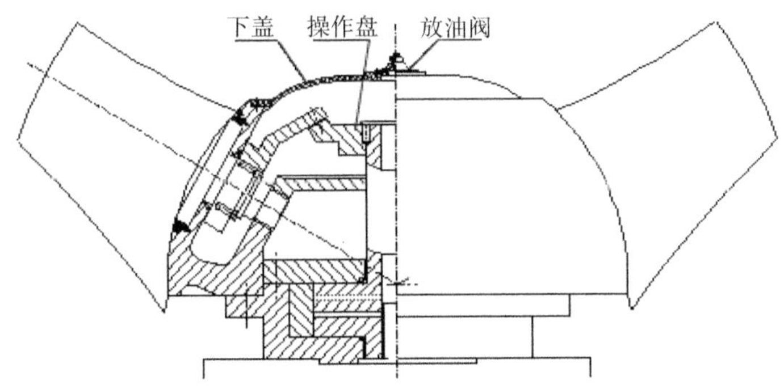

图 5.35　安装操作盘、底盖

5.1.2.8　叶轮头的静平衡试验

叶轮部件是一个回转体，在制造过程中，由于存在尺寸、形状、位置等各种误差，会产生重量的不平衡；再者，组成叶轮部件的主要零件大多是铸件，铸件的材质不均匀使得重量不平衡，这些都将造成叶轮在动态和静态时的不平衡，从而引起机组振动，使机组运行平稳性受到破坏。因此叶轮部件平衡意义重大。

叶轮头组装完成后，按照 ISO1940 标准进行静平衡试验，精度不低于 G6.3 级，保证残留不平衡重量△(kgf)产生的离心力不大于叶轮重量的 0.2%，并满足公式$\triangle \leqslant 3.578 D_1 G/NP^2$ 的计算值[G—静平衡试验重量(kgf)，NP—飞逸转速(r/min)，D_1—叶轮直径(mm)]。

静平衡试验装置见图 5.36。

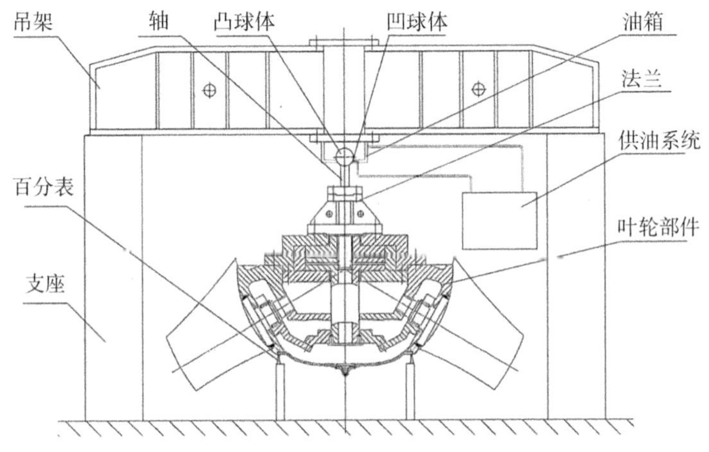

图 5.36　叶轮头静平衡试验

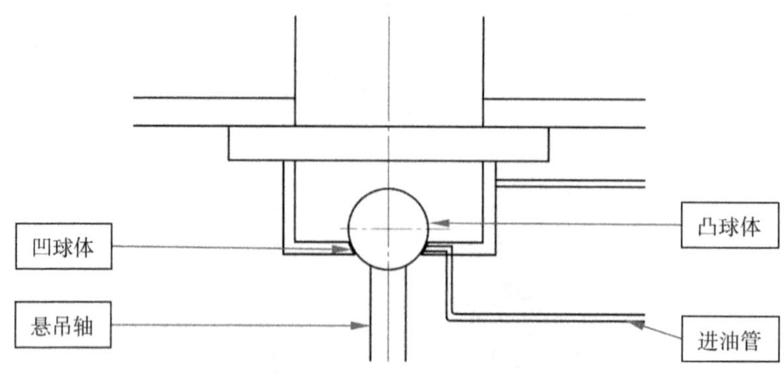

图 5.37　叶轮头悬吊局部图

叶轮头(含转叶油缸)重约 100 t,重量很大,用卧式装置很难校准静平衡。皂河站叶轮头静平衡试验采用立式液压静平衡装置,它主要包括支座、吊架、连接轴、法兰、供油系统、油箱部件、凸球体和凹球体等。试验方法包括以下步骤:

①将叶轮头通过法兰与连接轴相连,油箱部件与吊架连接,整个吊架固定安装在支座上,连接好供油系统;

②供油系统进油,在凸球体和凹球体之间形成油膜,将转轮体微微托起;

③叶轮头利用自身重量保持静止状态,其不平衡时会向某一方向倾斜,测量各方位的高度差;

④用配重块配平衡,直到叶轮头达到设计要求平衡精度等级。

叶片的检修工艺和质量要求应符合表 5.1 的规定。

表 5.1　叶片的检修工艺和质量要求

检修工艺	质量要求
1. 检查叶片汽蚀情况:用软尺测量汽蚀破坏相对位置;用稍厚白纸拓图测量汽蚀破坏面积;用探针或深度尺等测量汽蚀破坏深度;用胶泥涂抹法、称重比例换算法测量失重。	1. 符合要求,汽蚀面积不超过叶片表面积的5%,汽蚀损失重量不超过叶片重量的8%。
2. 叶片汽蚀的修补:用抗汽蚀材料修补,靠模砂磨。	2. 表面光滑,叶型线与原叶型一致。
3. 叶片称重。	3. 叶片称重,同一个叶轮的单个叶片重量偏差允许为该叶轮叶片平均重量的±3%(叶轮直径小于 1 m)或±5%(叶轮直径大于等于 1 m)。

叶轮室的检修工艺和质量要求应符合表 5.2 的规定。

表 5.2　叶轮室的检修工艺和质量要求

检修工艺	质量要求
1. 检查叶轮室汽蚀情况：用软尺测量汽蚀破坏位置；用稍厚白纸拓图测量汽蚀破坏面积；用探针或深度尺等测量汽蚀破坏深度。	1. 符合要求，汽蚀深度不超过泵壳厚度的 15%。
2. 叶轮室汽蚀修补：用抗汽蚀材料修补，靠模砂磨。	2. 表面光滑，靠模检查基本符合原设计要求。
3. 检查叶轮室组合面有无损伤，更换密封垫；测量叶轮室内径，检查组合后的叶轮室内径圆度。	3. 叶轮室内径圆度，按上、下止口位置测量，所测半径与平均半径之差不应超过叶片与叶轮室设计间隙值的±10%。

全调节水泵叶轮头的检修工艺和质量要求应符合表 5.3 的规定。

表 5.3　全调节水泵叶轮头的检修工艺和质量要求

检修工艺	质量要求
1. 检查叶轮体内的叶片调节操作机构损伤、锈蚀、磨损情况，严重的应修复。	1. 无损伤、锈蚀、磨损。
2. 检查各部密封有无变形、老化、损坏现象，有变形、老化、损坏的，应更换处理。	2. 无变形、老化、损坏。
3. 检查密封组件磨损情况，磨损严重的应更换。	3. 符合设计要求。
4. 检查叶片枢轴压环与弹簧是否完好，若有缺陷应更换。	4. 应完好。
5. 检查各部轴套磨损程度，磨损严重的应更换。	5. 符合设计要求。
6. 对叶轮轮毂进行严密性耐压试验和接力器动作试验，制造厂无规定时，可采用压力 0.5 MPa，并应保持 16 h，油温不低于 5℃，在试验过程中操作叶片全行程动作 2 次，检查漏油量应符合要求。	6. 各组合缝无渗漏，每只叶片密封装置无漏油，试验应合格；叶片调节接力器应动作灵活。

5.1.3　水泵轴承检修

5.1.3.1　巴氏合金轴瓦研刮

检查水导轴承的磨损程度，其表面应无脱壳、裂纹、烧蚀痕迹；使用三角刮刀刮掉水导轴承上突出的部位，确保仅有 1～3 个接触点/cm^2；刮完两面后，吊起水导轴承，放到水泵轴的轴颈上进行研磨，再根据打磨情况再次研刮，确保最终水导轴承与水泵轴的接触面符合规范要求。

5.1.3.2　轴承间隙测量

使用塞尺测量水导轴承与水泵轴间的间隙，测量东西南北四个点位，得到轴承间隙数据。具体方法为：选择合适的塞尺，将表面擦拭干净，插入被测间隙中,一边拉动塞尺,一边调整塞尺片,当来回拉动塞尺感到稍有阻力时,表明间隙值接近塞尺上所标出的数值。

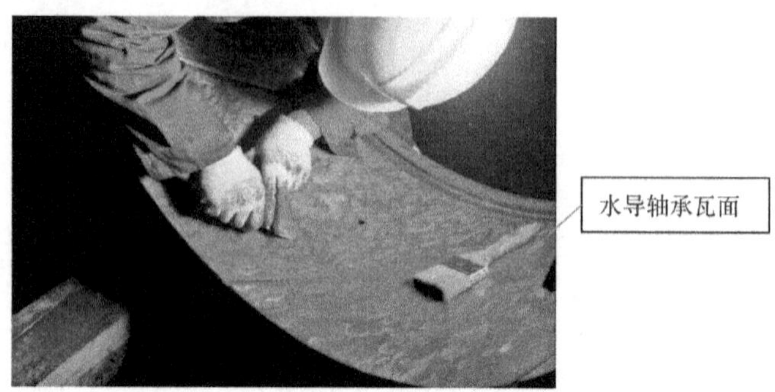

图 5.38 研刮水导轴承瓦面

图 5.39 研磨水导轴承瓦面

5.1.3.3 动静环检修

皂河站水泵导轴承为巴氏合金瓦油润滑导轴承,为确保导轴承在密闭无水的环境下运行,导轴承轴封采用机械密封(动静环密封)。机械密封是靠一对垂直于轴做相对滑动的端面在流体压力(或自身重力)和补偿机构的弹力作用下保持接合并配以辅助密封而达到阻漏目的的装置,密封应具有磨损后可自动补偿、抗振性好及对轴的振动、偏摆不敏感等特点。

保证机械密封关键是保证动、静环密封面之间密封可靠,而保证动、静环密封面之间密封可靠的关键是摩擦副的材料的抗磨性能,为确保水泵导轴承的机械密封安全可靠,动环用不锈钢制造,静环选用耐磨橡胶材料,具有耐磨性好、密封性好、可靠性高等特点。机械密封动环与转轴同步转动,动环与轴之间、静环座与护盖之间的密封为静密封。

动静环的处理包括:将动、静环的密封面进行精加工,并研磨光滑,更换其他静密封件;将静环更换为耐磨橡胶件,更换其他静密封件。另外,应对机械密封部件中其他件进行检查,对损坏的部件进行修复,保证密封机构能长期、安全、连续、稳定运行。

处理后的动、静环接合面,应达到以下要求:粗糙度 Ra≤1.6 μm,跳动公差≤0.2 mm,轴向窜动量≤0.3 mm。

立式油润滑导轴承的检修工艺和质量要求应符合表 5.4 的规定。

表 5.4　立式油润滑导轴承的检修工艺和质量要求

检修工艺	质量要求
1. 检查导轴瓦面磨损程度、接触面积及接触点,不符合要求的,用三角刮刀、弹性刮刀研刮。	1. 接触面积不小于 75%,接触点应均匀,每块轴瓦的局部不接触面积,每处不应大于轴瓦面积的 5%,油沟方向应符合设计要求。
2. 检查筒式瓦的上、下端总间隙,测量瓦的内径及轴的直径。	2. 总间隙应符合设计要求,圆度及上、下端总间隙之差均不应大于实测平均总间隙的 10%。
3. 检查轴瓦有无脱壳、裂纹、硬点、密集气孔等缺陷及烧瓦痕迹,缺陷严重的轴瓦应更换或重新浇铸瓦面。	3. 浇注材料应符合设计要求。

5.1.4　密封部件检修

考虑到水泵检修的需要及停机状态下的密封,在静环下方设置了空气围带,当水泵处于停机状态,给空气围带充气,使之与泵轴抱紧,起到密封作用;当水泵需要运行时,在启动前,将空气围带中的空气放掉,空气围带与水泵轴分离,避免轴与空气围带之间的摩擦。

空气围带的更换方案:按照原空气围带的结构和尺寸进行设计、制造,为保证空气围带的可靠性,出厂前需对空气围带做气密性试验,试验压力为 0.3 MPa;在泵站现场安装好之后,应对空气围带充气进行效果试验。

图 5.40　空气围带

5.1.5 泵轴及轴颈检修

泵轴为水泵的关键受力件，承受任何工况条件可能产生的作用在泵轴上的扭矩、轴向力和径向力，其强度和刚度必须足够。

泵轴的修复主要是在空气围带密封部位表面堆焊不锈钢抗磨、抗锈层，堆焊不锈钢较传统的镶焊不锈钢套效果好，因堆焊可大大提高轴档的表面硬度，能更有效地提高抗锈蚀能力和耐磨性。

堆焊不锈钢层后，以泵轴两端法兰止口为基准校调，对轴颈进行精加工，加工精度不低于 h7，表面粗糙度不大于 Ra1.6。并对其他部位进行车刀修正，除锈处理。为保证堆焊后泵轴两端法兰连接止口、法兰端面的形位误差不超过设计及标准要求，对法兰端面、止口、外圆按原尺寸进行车刀修正；如有需要，在法兰止口表面堆焊一层与泵轴相同材质的焊丝，再按尺寸修正并保证形位精度。

主轴下端法兰与轴心线的垂直度不低于 7 级，主轴与叶轮轮毂之间打定位销。

泵轴与电机轴通过法兰刚性连接，改造后的泵轴与电机轴法兰连接止口、泵轴与叶轮轮毂体连接止口尺寸不变，但如果连接螺栓孔因堆焊引起了尺寸及形位的变化，需要将泵轴与电机轴的连接螺栓换新，在安装过程中重新扩铰螺栓孔。

泵轴修复主要工序如下：

(1) 在轴颈表面堆焊不锈钢层，堆焊厚度按保证轴颈的最终尺寸确定。

(2) 焊接好不锈钢层后，为消除焊接变形引起的轴尺寸和形位误差，对泵轴两端法兰平面、止口、外圆进行检测，如有需要，进行车刀修正，对泵轴其他面进行车刀修正以去除锈蚀层。

(3) 对轴颈部位进行车削加工、磨削加工，加工精度不低于 h7，表面粗糙度不大于 Ra1.6。

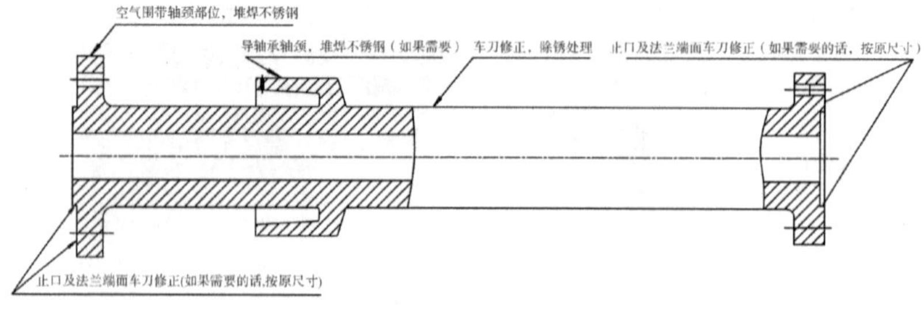

图 5.41 泵轴修复方案图

(4) 对修复后的泵轴进行检测，保证各部位的加工精度及形位精度不低于原泵轴设计要求，轴颈部位的表面硬度 HRC45～52。

(5) 泵轴与叶轮之间的连接螺栓孔按原泵轴的不变，扭矩销直径适当加大，销孔与叶轮轮毂配扩铰。

(6) 泵轴与电机轴法兰连接螺栓孔尺寸和形位根据检测结果，确定是否修正。如果需要修正，则连接铰制螺栓需更换，安装过程中重新扩铰孔，确保水泵整体安装后，轴系摆度符合要求。

图 5.42　水泵轴数据检测

除此之外，还要检查轴颈伤痕、锈斑等缺陷，若有，应用细油石沾透平油轻磨，消除伤痕、锈斑后，用透平油与研磨膏混合研磨抛光轴颈。

电机主轴与推力头配合的检修工艺和质量要求应符合表 5.5 的规定。

表 5.5　电机主轴与推力头配合的检修工艺和质量要求

检修工艺	质量要求
1. 检查配合面应无损坏，清除配合面油污及毛刺。	1. 配合面无损坏，无油污及毛刺。
2. 采用内径千分尺和外径千分尺精确测量电机轴配合面外径和推力头内径尺寸，确定实际配合间隙，配合间隙过松应采用推力头配合面镀铜方法进行修复处理。	2. 符合设计间隙要求。

电机上、下导轴颈的检修工艺和质量要求应符合表 5.6 的规定。

表 5.6　电机上、下导轴颈的检修工艺和质量要求

检修工艺	质量要求
检查上、下导轴颈有无伤痕、锈斑等缺陷，如有应用细油石沾透平油轻磨，消除伤痕、锈斑后，再用透平油与研磨膏混合研磨抛光轴颈。	表面应光滑，粗糙度符合设计要求。

水泵导轴颈的检修工艺和质量要求应符合表 5.7 的规定。

表 5.7　水泵导轴颈的检修工艺和质量要求

检修工艺	质量要求
1. 检查水泵导轴颈表面有无伤痕、锈斑等缺陷，如有轻微伤痕应用细油石沾透平油轻磨，消除伤痕、锈斑后，再用透平油与研磨膏混合研磨抛光轴颈。	1. 表面应光滑，粗糙度符合设计要求。
2. 水泵导轴颈表面有严重锈蚀或单边磨损超过 0.10 mm 时，应加工抛光；单边磨损超过 0.20 mm 或原镶套已松动、轴颈表面剥落时，应采用不锈钢材料喷镀或堆焊修复或更换不锈钢套。	2. 符合设计要求。

机组主轴弯曲的检修工艺和质量要求应符合表 5.8 的规定。

表 5.8　机组主轴弯曲的检修工艺和质量要求

检修工艺	质量要求
架设百分表，盘车测量轴线，检查弯曲方位及弯曲程度；如弯曲超标，可采用热胀冷缩原理进行处理，要求严格掌握火焰温度，加热的位置、形状、面积大小及冷却速度，并不断测量；严重时应送厂方维修。	符合原设计要求。

5.2　电机检修

5.2.1　定子检修

5.2.1.1　定子线圈重新制作

当定子线圈出现严重损坏而又无法修复时，必须进行更换，应当联系电机厂家重新生产。

应根据设计图纸采购定子铜线，铜线首先经过进厂检验（介质损耗、场强击穿等电气试验及材质、尺寸检验），检验合格后，再制作首件线圈。根据图纸尺寸，经过绕制梭形线圈、包扎底层绝缘（保证线圈的各层铜线在后续加工中不会散开）、拉形、调整、修正图纸、重复试制等工序后，制作出第一件合格的定子线圈（绝缘前）。

批量生产的定子线圈（绝缘前）必须经过整形，包扎环氧粉云母带、防电晕带等绝缘材料等工序，才能得到定子线圈（绝缘后）。定子线圈（绝缘后）通过模压等工序，得到成品定子线圈。成品定子线圈应通过匝间耐压试验、对地耐压试验、防电晕试验、交流耐压试验等电气试验，合格品才能出厂。

图 5.43　定子线圈(绝缘前)

图 5.44　定子线圈包扎绝缘

图 5.45　定子线圈(绝缘后)

图 5.46　定子线圈成品(出厂前)

5.2.1.2　定子线圈安装

在定子线圈到达泵房前,应做好相应的准备工作,包括:加固、清洁机坑内的工作平台;在平台上垫白纱布,在机坑上方搭建防尘区以保证嵌线时的清洁;在嵌线前更换翅片式电机加热器;更新端箍绝缘;清洁定子铁芯,在铁芯槽内喷低阻防晕漆等。

定子线圈到达施工现场后,安装嵌线过程描述如下:

①按图纸要求,在定子电源出线方位,确定槽序号;

②安装翻槽处线圈;

③按槽顺序嵌线,嵌线时,先安装槽底垫条,再安装线圈;

④在同一槽内的线圈上、下层边间,安装层间垫条后,将线圈上层边轻轻敲入槽内压紧;

⑤扎紧线圈绑扎绳;

⑥检查线圈在槽内侧边的配合情况,当线圈不够紧固时,在线圈侧边增加调整垫条;

⑦安装楔下垫条,预紧槽楔;

⑧调整线圈高度,保持相邻线圈高度一致,打紧槽楔;

⑨单个线圈耐压试验通过后,连接定子线圈间连接线(简称过桥线);

⑩整体线圈通过耐压试验、绝缘电阻测量、直流电阻测量等电气性能试验后,给定子线圈通入直流电流,加热定子铁芯排潮;排潮完成后,对整个铁芯浇绝缘漆,然后再通直流电流加热,使绝缘漆固化。

在整个定子嵌线过程中,应当采取措施以保证施工质量及施工进度。如为保证安装质量及施工进度,每当定子线圈安装到一定数量,就会进行单个线圈现场对地耐压试验，尽量避免大量返工。

定子部分的安装检验工作主要是定子内圆检测、定子线圈耐压试验、外观检验等。最重要的高压试验部分，包括定子嵌线的单个线圈 27 500 V 交流对地耐压试验，以及 21 500 V 整机交流耐压试验。

图 5.47　加热器

图 5.48　定子线圈嵌线

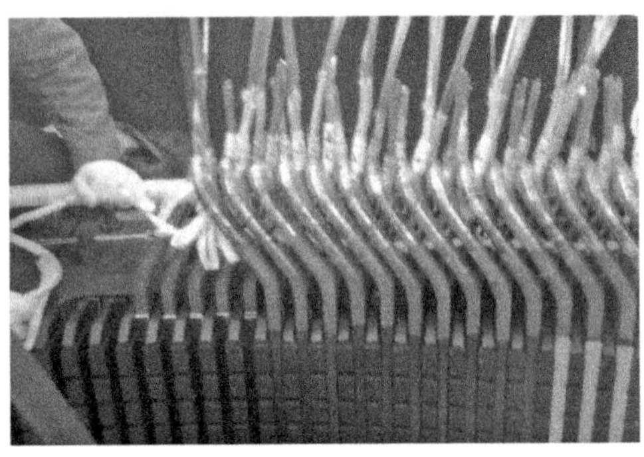

图 5.49　定子线圈嵌线绑扎

图 5.50　定子线圈接线

图 5.51　定子线圈过桥线焊接

图 5.52　过桥线包扎后

图 5.53　浇漆烘干后

5.2.1.3　定子各部件清扫及检修

清扫时用储气罐内的压缩空气吹扫灰尘。

清除油灰、斑锈时，用专用的电力设备清洗剂(LDS－916)进行清洗。

图 5.54　清洗定子线圈

定子绕组引线及套管的检修。

铁芯松动的处理、长度的测量。

定子圆度调整。

定子合缝处理。

槽楔的检修和通风沟的清扫。

绕组喷漆。

干燥(采用定子绕组通电法)。

大修后电气试验。

电机定子的检修工艺和质量要求应符合表 5.9 的规定。

表 5.9 电机定子的检修工艺和质量要求

检修工艺	质量要求
1. 检修前对定子进行试验，包括：测量绝缘电阻和吸收比，测量绕组直流电阻，测量直流泄漏电流，进行直流耐压试验。	1. 符合规范。
2. 定子绕组端部的检修：检查绕组端部的垫块有无松动，如有松动应垫紧垫块；检查端部固定装置是否牢靠、绕组端部及线棒接头处绝缘是否完好、极间连接线绝缘是否良好，如有缺陷，应重新包扎并涂绝缘漆或拧紧压板螺母，重新焊接线棒接头；线圈损坏现场不能处理的应返厂处理。	2. 绕组端部的垫块无松动、端部固定装置牢靠、线棒接头处绝缘完好、极间连接线绝缘良好。
3. 定子绕组槽部的检修：线棒的出槽口有无损坏，槽口垫块有无松动，槽楔和线槽是否松动，如有凸起、磨损、松动，应重新加垫条打紧；用小锤轻敲槽楔，松动的应更换槽楔；检查绕组中的测温元件有无损坏。	3. 线棒的出槽口无损坏，槽口垫块无松动，槽楔和线槽无松动，绕组中的测温元件完好。
4. 定子铁芯和机座的检修：检查定子齿部、轭部的固定铁芯是否松动，铁芯和漆膜颜色有无变化，铁芯穿心螺杆与铁芯的绝缘电阻值；如固定铁芯产生红色粉末锈斑，说明已有松动，须清除锈斑，清扫干净，重新涂绝缘漆；检查机座各部分有无裂缝、开焊、变形，螺栓有无松动，各接合面是否接合完好，如有缺陷应修复或更换。	4. 定子齿部、轭部的固定铁芯无松动，铁芯和漆膜颜色无变化，铁芯穿心螺杆与铁芯的绝缘电阻应不小于 10 MΩ，机座各部分无裂缝、开焊、变形，螺栓无松动，各接合面接合完好。
5. 清理：用压缩空气吹扫灰尘，铲除锈斑，用专用清洗剂清除油垢。	5. 干净、无锈迹。
6. 干燥：采用定子绕组通电法干燥，先以定子额定电流的 30%预烘 4 h，然后增加定子绕组电流，以 5 A/h 的速率将温度升至 75℃，每小时测温一次，保温 24 h，每班测绝缘电阻一次，然后再以 5 A/h 的速率将温度上升到(105±5)℃，保温至绝缘电阻在 30 MΩ 以上，吸收比大于或等于 1.3 后，保持 6 h 不变。	6. 干燥后绝缘电阻应不小于 30 MΩ，吸收比大于或等于 1.3，保持 6 h 不变。
7. 喷漆及烘干：待定子温度冷却至(65±5)℃时测绝缘电阻合格后，用无水 0.25 MPa 压缩空气吹除定子上的灰尘，然后用绝缘漆淋浇线圈端部或用喷枪在降低压力条件下喷浇。	7. 表面光亮清洁，绝缘电阻符合要求，喷漆工艺应符合产品使用技术要求。

5.2.2 转子检修

5.2.2.1 转子线圈重新制作

应根据设计图纸采购转子铜线，铜线首先经过进厂检验（介质损耗、场强击穿等电气试验及材质、尺寸检验），检验合格后，制作首件线圈。根据图纸尺寸，经过退火、绕制梭形线圈、退火、整形等工序后，制作出转子线圈粗坯。转子线圈粗坯的外形尺寸经检验合格后，对其包扎云母带等绝缘材料。绝缘后的转子线圈经过再次整形后，安装接头、磁极衬垫，得到完整的转子线圈。通过热压工序，将转子线圈绝缘固化成一整体，以加强转子线圈的绝缘性能及结构强度。

成品转子线圈须通过匝间耐压试验，合格品才能用于磁极装配。

图 5.55　转子线圈

5.2.2.2　转子磁极重新制作

根据图纸及工艺要求，将合格的磁极线圈与磁极铁芯装配。首先，在铁芯极身部位，绕包绝缘材料。然后，将磁极线圈套入磁极铁芯，并调整磁极线圈与铁芯的相对位置，保证铁芯中心与线圈中心重合。使用绝缘材料将线圈与铁芯的间隙填满并压实，保证线圈与铁芯配合紧固，不松动。

成品磁极须通过对地耐压试验、交流耐压试验等电气试验，合格后出厂。

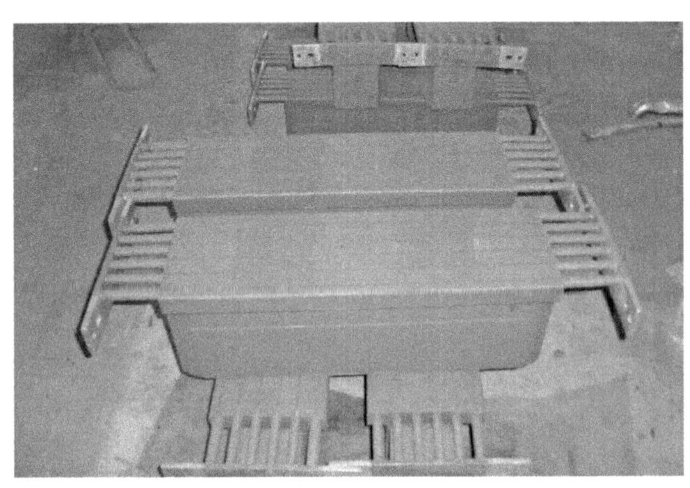

图 5.56　磁极铁芯

图 5.57　成品磁极

5.2.2.3　转子磁极安装

在磁极送到现场前，应做好相应的准备工作，包括：磁轭清洁、磁轭外圆表面喷漆等。

转子磁极到达施工现场后，安装嵌线过程描述如下：

①根据磁极编号，将磁极吊装到转子磁轭上，预紧磁极螺栓；

②调整磁极中心线；

③调整磁极间距、垂直等；

④拧紧磁极螺栓，调整转子外圆尺寸；

⑤连接磁极线圈间连线，焊接；

⑥磁极线圈连线包扎绝缘；

⑦磁极对地耐压试验、绝缘电阻测量、直流电阻测量等电气试验；

⑧更新转子主轴电缆。

在安装过程中，为了使磁极与磁轭表面更好地配合，在现场根据磁轭外表面，铲刮磁极衬垫底部。

转子部分的检验主要包括转子磁极的安装尺寸检验及转子线圈耐压试验两部分，耐压试验为转子线圈 3 250 V 对地耐压试验。

5.2.2.4　转子各部件清扫及检修

清扫时用储气罐内的压缩空气吹扫灰尘。

清除油灰、斑锈时，用专用的电力设备清洗剂(LDS－916)进行清洗。

碳刷、刷架、集电环及引线等的清扫、检查、车磨或更换。

图 5.58　磁轭喷漆

图 5.59　调整磁极衬垫

图 5.60　挂装磁极

图 5.61　测量调整磁场中心线

图 5.62　测量并调整磁极间距

图 5.63　磁极线圈接头包扎绝缘

转子引线检查或更换。

磁极接头或绕组处理。

转子喷漆：待转子温度冷却至65℃左右时，用0.25 MPa压缩空气吹除灰尘后，用绝缘漆淋浇或用喷枪喷浇。

干燥：采用转子绕组通电法。

电气试验。

空气间隙检查。

电机转子的检修工艺和质量要求应符合表5.10的规定。

表5.10　电机转子的检修工艺和质量要求

检修工艺	质量要求
1. 检修前测量转子励磁绕组的直流电阻及其对铁芯的绝缘电阻，必要时进行交流耐压试验，判断励磁绕组是否存在接地、匝间短路等故障。	1. 符合规范。
2. 检查转子槽楔、各处定位、紧固螺钉有无松动，锁定装置是否牢靠，通风孔是否完好，如有松动应紧固。	2. 绕组端部的垫块无松动、端部固定装置牢靠、线棒接头处绝缘完好、极间连接线绝缘良好。
3. 检查风扇环，用小锤轻敲叶片是否松动、有无裂缝，如有应查明原因后紧固或焊接。	3. 无松动、无裂缝。
4. 检查集电环对轴的绝缘及转子引出线的绝缘材料有无损坏，如引出线绝缘损坏，应对绝缘重新进行包扎处理。	4. 绝缘符合要求。
5. 清理：用压缩空气吹扫灰尘，铲除锈斑，用专用清洗剂清除油垢。	5. 干净、无锈迹。
6. 干燥：采用转子绕组通电法干燥，先以转子额定电流的35%预烘4 h，然后增加转子绕组电流，以10 A/h的速率将温度升至75℃并保温16 h，再以10 A/h的速率将温度上升到(105±5)℃，保温至绝缘电阻在5 MΩ以上，吸收比大于或等于1.3后，保持6 h不变。	6. 干燥后，绝缘电阻应不小于5 MΩ，吸收比大于或等于1.3，保持6 h不变。
7. 喷漆及烘干：方法同定子喷漆及烘干。	7. 表面光亮清洁，绝缘电阻符合要求。

5.2.3　油缸内部件检修

(1) 冷却器清扫、检查和耐压试验

制作专用工具(不锈钢圆板)，密封下油缸冷却器的进出水口，一个口使用专用工具密封起来，不锈钢板下面垫橡皮垫，另一个口不锈钢板顶部安装一个进水孔和一个旋塞阀，压力表安装在旋塞阀上。使用手压水泵连接进水孔，先缓慢压几下，适当打开旋塞阀，排出内部空气，再将压力表安装上去，压动手压柄，向冷却器内注水，观察压力表数值，达到 0.35 MPa 时停止注水，此时压力应当保持 60 min 以上。期间不断观察压力表读数和各接头处及铜管，有无泄漏。

图 5.64　冷却器压力试验

（2）油缸耐油油漆防腐

（3）轴承清扫检查，轴瓦研刮

检查推力轴承、上下导轴承磨损程度、接触面积，检查轴承表面应无脱壳、裂纹、烧瓦痕迹，使用三角刮刀刮掉轴承上突出的部位，确保有 1～3 个接触点/cm^2，刮完再将轴承放到轴颈上进行研磨，再根据研磨情况再次研刮，确保最终轴承与轴颈的接触面符合规范要求。

（4）推力瓦水平测量与调整

（5）导轴承间隙测量与调整

（6）轴承绝缘测量

（7）镜板绝缘垫更换(4 瓣)

图 5.65　清洗导轴瓦

图 5.66　研刮导轴瓦

图 5.67　研磨导轴瓦

图 5.68　更换镜板绝缘垫

立式油润滑导轴承的检修工艺和质量要求应符合表 5.11 的规定。

表 5.11　立式油润滑导轴承的检修工艺和质量要求

检修工艺	质量要求
1. 检查导轴瓦面磨损程度、接触面积及接触点，不符合要求的，用三角刮刀、弹性刮刀研刮。	1. 接触面积不小于 75%，接触点应均匀，每块轴瓦的局部不接触面积，每处不应大于轴瓦面积的 5%，油槽方向应符合设计要求。
2. 检查筒式瓦的上、下端总间隙，测量瓦的内径及轴的直径。	2. 总间隙应符合设计要求，圆度及上、下端总间隙之差均不应大于实测平均总间隙的 10%。
3. 检查轴瓦有无脱壳、裂纹、硬点、密集气孔等缺陷及烧瓦痕迹，轴瓦缺陷严重的应更换或重新浇铸瓦面。	3. 浇注材料应符合设计要求。

电机金属合金上、下导轴承的检修工艺和质量要求应符合表 5.12 的规定。

表 5.12　电机金属合金上、下导轴承的检修工艺和质量要求

检修工艺	质量要求
1. 检查导轴瓦面磨损程度、接触面积及接触点，不符合要求的，用三角刮刀、弹性刮刀研刮。	1. 上导轴承接触面积不小于 85%，下导轴承接触面积不小于 75%；接触点每平方厘米不少于 2 点；两边刮成深 0.5 mm、宽 10 mm 的倒圆斜坡。
2. 导轴瓦有严重烧灼麻点、烧瓦或脱壳、裂纹的，应更换或重新浇注瓦面。	2. 浇注材料符合设计要求。
3. 对导轴瓦架及调整螺栓进行检查和处理。	3. 焊接应牢固，松紧适度、无摆动。
4. 检查绝缘垫、套损伤情况，清洗并烘干，有缺陷的应更换。	4～5. 绝缘电阻应不小于 50 MΩ。
5. 用 500 V 兆欧表测量单块导轴瓦的绝缘电阻。	

立式机组金属合金推力瓦的检修工艺和质量要求应符合表 5.13 的规定。

表 5.13　立式机组推力瓦的检修工艺和质量要求

检修工艺	质量要求
1. 检查推力瓦磨损程度、接触面积、接触点及进油边是否符合要求，不符合的用三角刮刀、弹性刮刀研刮。	1. 接触点每平方厘米不少于 1 点；局部不接触面积每处不大于瓦面积 2%，其总和不大于瓦面积 5%；进油边应在 10 mm 范围内刮成深 0.5 mm 的斜坡并修成圆角；以抗重螺栓为中心，占总面积约 1/4 部位刮低 0.01～0.02 mm，然后在这 1/4 部位中心的 1/6 部位，另从 90°方向再刮低约 0.01～0.02 mm。
2. 推力瓦面有严重烧灼或脱壳等缺陷的，更换或重新浇注瓦面。	2. 瓦面材料应符合设计要求。
3. 检查推力瓦缓冲铜垫片是否符合要求，不满足的应更换。	3. 铜垫片凹坑深度应不大于 0.05 mm。

立式机组镜板工作面的检修工艺和质量要求应符合表 5.14 的规定。

表 5.14　立式机组镜板工作面的检修工艺和质量要求

检修工艺	质量要求
1. 采用推力瓦块架设百分表的推移法测量镜板面不平度，有条件的可利用立式车床测量镜板面不平度；检查镜板工作面内应无伤痕和锈蚀，镜面粗糙度应符合设计要求；伤痕和锈蚀用细油石沾油研磨，研磨后抛光镜面。	1. 镜板工作面不平度应不大于 0.03 mm，镜面粗糙度应不大于 0.4 μm。
2. 镜板工作面有严重伤痕、锈蚀、斑块，或不平度超标(镜板本体原因)，应送厂方修复或更换镜板。	2. 符合设计要求。

立式机组抗重螺栓及推力瓦架的检修工艺和质量要求应符合表 5.15 的规定。

表 5.15　立式机组抗重螺栓及推力瓦架的检修工艺和质量要求

检修工艺	质量要求
1. 架设百分表测量抗重螺栓的最大(双摆)晃动值，过松应进行镀铜处理，镀铜厚度根据测量晃动值确定。	1. 抗重螺栓松紧适度、无摆动，晃动值应不大于 0.05 mm。
2. 检查瓦架板焊接情况，如有裂缝应补焊牢固；组装式瓦架应检查螺栓紧固程度，瓦架与上机架间应无间隙，如有应拆出处理，紧固螺栓。	2. 瓦架与上机架焊接应牢固；组装式螺栓应紧固，瓦架与上机架接触面应无间隙。

立式机组推力轴承绝缘的检修工艺和质量要求应符合表 5.16 的规定。

表 5.16　立式机组推力轴承绝缘的检修工艺和质量要求

检修工艺	质量要求
1. 检查绝缘垫、套损伤情况，清洗并烘干，有缺陷的应更换。	1. 绝缘垫、套应完好，绝缘电阻应不小于 50 MΩ。
2. 在机组安装结束，充油前，应用 500 V 兆欧表测量绝缘电阻。	2. 绝缘电阻值应不小于 5 MΩ。

5.2.4　制动装置检修

检测制动装置磨损程度，并进行下列试验或操作：

①制动闸检查，气压试验；

②制动闸闸块的检查与更换；

③制动闸闸块与制动环间隙测量和调整；

④制动闸千斤顶密封件更换，密封件尺寸为外径 220 mm、内径 204 mm、厚度 18 mm。

5.2.5 冷却器检修

（1）上油缸冷却器改造

将原有一路进水和一路回水改为两路进水和两路回水。将冷却器的黄铜管改为紫铜管，紫铜延展性及韧性较好。铜管外径 18 mm，内径 14 mm，壁厚

图 5.69　冷却器改造后

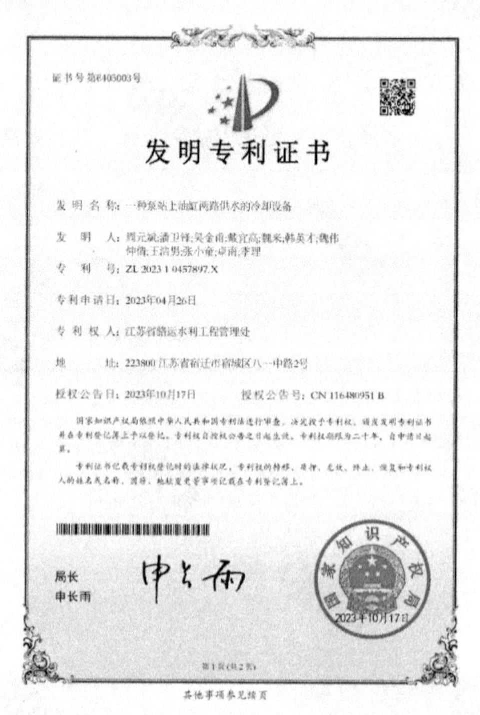

证书号第6405003号

发明专利证书

发 明 名 称：一种泵站上油缸两路供水的冷却设备

发 明 人：周元斌;潘卫锋;吴金甫;戴宜高;魏来;韩英才;魏伟
仲倩;王浩男;张小童;卓雨;李理

专 利 号：ZL 2023 1 0457897.X

专利申请日：2023年04月26日

专 利 权 人：江苏省骆运水利工程管理处

地 址：223800 江苏省宿迁市宿城区八一中路2号

授权公告日：2023年10月17日　　授权公告号：CN 116480951 B

国家知识产权局依照中华人民共和国专利法进行审查，决定授予专利权，颁发发明专利证书并在专利登记簿上予以登记。专利权自授权公告之日起生效。专利权期限为二十年，自申请日起算。

专利证书记载专利权登记时的法律状况，专利权的转移、质押、无效、终止、恢复和专利权人的姓名或名称、国籍、地址变更等事项记载在专利登记簿上。

局长
申长雨

国家知识产权局
2023年10月17日

第1页（共2页）

其他事项参见续页

图 5.70　冷却器改造专利证书

2 mm，使用弯管器将铜管弯曲，并穿过两面的挡板，使用 16 mm 扩管器将铜管紧紧卡在挡板上。在上油缸开 2 个新孔，将原来的 8 路冷却铜管分为上下两层，上层为一路，下层为一路，两路冷却器互为备用。

电机油缸冷却器的检修工艺和质量要求应符合表 5.17 的规定。

表 5.17　电机油缸冷却器的检修工艺和质量要求

检修工艺	质量要求
1. 检查冷却器外观。	1. 冷却器外观应无铜绿、锈蚀斑点损伤等。
2. 冷却器清洗擦抹干净后，进行耐压试验，检查应无渗漏；如接头处渗漏水，应用扩管器扩紧；管中如有砂孔、裂缝，应更换铜管或用银、铜焊补。	3. 冷却器应按设计要求进行耐压试验，如设计部门无明确要求，试验压力宜为 0.35 MPa，并保持压力 60 min，无渗漏现象；安装后进行严密性耐压试验，试验压力应为 1.25 倍额定工作压力，保持压力 30 min，无渗漏现象。
3. 运行中冷却水压正常，瓦温、油位始终偏高的(一般为上油缸)，除检查管道是否阻塞外，还应检查温度导流隔板安装高度、位置、板宽是否适宜，根据问题清理阻塞使其畅通，或调整温度导流隔板位置、改变宽度使其畅通，无温度导流隔板且结构允许的可增加温度导流隔板。	3. 瓦温、油温应正常。

电机油缸的检修工艺和质量要求应符合表 5.18 的规定。

表 5.18　电机油缸的检修工艺和质量要求

检修工艺	质量要求
1. 油缸应进行煤油渗漏试验。	1. 煤油渗漏试验，保持 4 h 应无渗漏。
2. 充油后，发现油缸局部有渗油现象，应紧固密封体或更换密封件，如焊接位置渗油，需放油后重新补焊，并做好安全措施。	2. 充油后，不应渗油。

(2) 空气冷却器检修

检查电机空气冷却器进出水口有无泥沙污垢；

冲洗空气冷却器内部管路，清理污物；

进行水耐压试验，将冷却器进出水管路封闭，进行耐压试验，试验压力为 0.35 MPa，应保持 1 h 以上不泄压；

安装时更换管路接头密封垫，并更换损坏的散热片。

空气冷却器的检修工艺和质量要求应符合表 5.19 的规定。

表 5.19　空气冷却器的检修工艺和质量要求

检修工艺	质量要求
1. 检查冷却器内有无泥、沙、水垢等杂物，如有应清理管道内附着物，使其畅通。	1. 冷却器内畅通无附着物。

续表

检修工艺	质量要求
2. 检查密封垫，如老化、破损应更换密封垫，检查散热片外观，不完好的应校正或修焊变形处并进行防腐蚀处理。	2. 完好。
3. 试验、检查有无渗漏水现象。安装前进行强度耐压试验，应按设计要求的试验压力进行耐压试验，如设计部门无明确要求，试验压力宜为0.35 MPa，保持压力 60 min；安装后进行严密性耐压试验，试验压力应为 1.25 倍额定工作压力，保持压力 30 min。	3. 无渗漏现象。

5.2.6 碳刷检查更换

(1) 检查各碳刷长度，皂河站碳刷型号为 J204 TFC，尺寸为 32 mm×25 mm×60 mm，碳刷磨损量不宜超过全长的三分之一，当测量碳刷长度小于等于 4 cm 时，必须更换碳刷。

图 5.71 更换磨损量超标的碳刷

(2) 检查碳刷压力，使用测力计，一头挂在碳刷尾部进线电缆上，一头用手拉紧，检查碳刷压力应在 15～25 kPa，同时检查各碳刷之间压力偏差有无过大，过大应调整弹簧压力，使受力均匀。

5.2.7 集电环检修

检查集电环表面粗糙度，应不高于 0.4 μm，当集电环表面出现烧毛、不清洁时，应使用帆布浸少许酒精擦抹，清除不清洁部位；当出现粗糙度过高时，应使用研磨工具对指定位置进行研磨，并用细砂纸进行二次研磨，确保不会研磨过度。

有刷励磁系统的检修工艺和质量要求应符合表5.20的规定。

表5.20　有刷励磁系统的检修工艺和质量要求

检修工艺	质量要求
1. 检查碳刷，核对其牌号，更换时应采用制造厂指定的或经过试验合格的碳刷。	1. 牌号正确，试验合格。
2. 检查碳刷压力，压力不均匀的应调整弹簧压力。	2. 正常压力为15～25 kPa。
3. 碳刷磨短的应更换新碳刷。	3. 碳刷磨损量不宜超过全长三分之一。
4. 集电环和碳刷表面不清洁或烧毛的，应采用帆布浸少许酒精擦抹，或在研磨工具上覆以细砂纸(0#)研磨。	4. 集电环表面粗糙度应达到0.4 μm。

5.3　叶调机构检修

(1) 配油器的分解检查。测量各部件与密封铜套间的配合间隙并调整。

图5.72　更换黄铜衬套

(2) 各操作油管的检查。修理操作油管不光滑的轴颈，消除伤痕、锈斑。

(3) 测量黄铜衬套与操作油管的间隙，根据需要进行研刮处理或更换黄铜衬套。

(4) 上、中、下段操作油管进行密封试验、压力试验，排查是否有漏油情况。

图5.73　操作油管密封试验

使用专用工具，将操作油管上端密封起来，并留一个进油孔，向管内注油，保持压力为 1.4 MPa，时长 30 分钟，保持压力不变情况下，各连接部位应无泄漏。

液压调节机构的检修工艺和质量要求应符合表 5.21 的规定。

表 5.21　液压调节机构的检修工艺和质量要求

检修工艺	质量要求
1. 检查上操作油管，如油管轴颈不光滑或粗糙的，应用细油石沾油研磨上操作油管轴颈，消除伤痕、锈斑；检查配油器体的配合情况，配合不良的用三角刮刀研刮配油器体铜套，并研磨、清理。	1. 上操作油管轴颈表面应光滑，粗糙度和铜套的配合符合设计要求，内外腔无窜油。
2. 检查配压阀，活塞应活动自如。	2. 符合设计要求。
3. 安装结束后，对整个叶调系统进行整组试验。	3. 叶片调节自如，内外腔无窜油。
4. 电气部分检查。	4. 控制完好。
5. 传感装置的检修。	5. 装置完好，仪表显示正确。

5.4　辅机系统检修

5.4.1　油系统检修

（1）回油箱和过滤器的检查、清扫。

图 5.74　清理回油箱

图 5.75 检查回油箱管路闸阀及螺栓

(2) 油系统的油过滤和化验。

机组大修后需要化验的油样包括:上下油缸油样、水导油缸油样、上游液压启闭机油样等。

油样应符合标准,方可投入使用,否则,应当采用平板滤油机,滤除其中的水分及杂质,并在过滤后再次进行化验,确保油样合格。

滤纸尺寸为 30 cm×30 cm,孔直径 35 mm。滤纸表面应光滑整洁,不掉毛,不断裂,无杂质,无黑点。滤纸应选用 275 g/m^2 的标准用纸。技术参数如下:

透气度:(270±5)g(mL/min);

厚度:350～600 mm;

吸水性:0.65～0.73(mm/10 min);

中性耐破度:>1.8～2.8(kg/cm)。

滤油机:板框式加压滤油机,型号 BASY L8 280,电机功率 3 kW,过滤压力 0.25 MPa,安全阀开启压力为 0.588 MPa。

(3) 压力油泵、安全阀、逆止阀、阀门等的分解、检查、修理或更新、试验、调整。

(4) 各油箱除锈涂漆。

(5) 各部分压力表的检验和更换。

(6) 液压减载装置压力试验,检验开启后 12 块压力表显示是否相近(为 0.35 MPa 左右),并能够保持住压力;检查管路及闸阀有无渗漏;检查电机声音、温度是否正常。

图 5.76 平板滤油机滤油

5.4.2 气系统检修

(1) 空气压缩机检查、保养;安全阀的校验。

(2) 管路系统外观检查、必要的压力试验和防锈涂漆等。

(3) 各部位压力表的校验或更换。

5.4.3 水系统检修

(1) 供排水泵的检查、修理或更换。

(2) 轴瓦冷却器及附件检查、维修。

(3) 管路、闸阀及过滤器等附件检查、保养和维修。

(4) 各部位压力表、流量计和温度变送器的检查、维修或更换。

(5) 顶盖排水装置检查、保养、试验。

(6) 供排水泵底阀保养。

图 5.77 供排水泵底阀保养

5.5　其他部件检修

（1）测温系统检修

皂河站测温系统主要监测上下油缸导轴瓦、下油缸推力瓦、水导油缸导轴瓦、电机定子线圈、励磁变压器铁芯等处的温度，采用 Pt100 铂热电阻作为温度测量传感器，使用三线制接线方式。

Pt100 铂热电阻的根部一端连接一根引线，另一端连接两根引线，为三线制接线。三线制接线方式引入了一根温度补偿线，大大降低了引线电阻的影响。测温传感器采集到温度信号，转换成电阻信息，影响通过的电流大小，通过外接引线传输到温度采集模块，再传输至主机现场柜和主机高开柜上的 M60 保护装置。

检查所有测温传感器（Pt100 铂热电阻）及信号线有无破损，使用万用表测量铂热电阻温度传感器的阻值，对照电阻温度分度值表，结合现场环境温度，检验测温传感器是否合格。

测温系统的检修工艺和质量要求应符合表 5.22 的规定。

表 5.22　测温系统的检修工艺和质量要求

检修工艺	质量要求
1. 检查电机及轴承的测温元件及线路。	1. 完好。
2. 检查测温装置所显示温度与实际温度对应情况，如有温度偏差应查明原因，校正误差或更换测温元件。	2. 所测温度应与实际温度相符，偏差不宜大于 3℃。

（2）其他

①仪表检验、修理或更换；

②辅助电机的检查、修理或更换；

③保护和自动装置及其元件的检查、修理、更换、调整、试验；

④上游液压启闭机及阀组检修、试验，上游闸门液压启闭系统的油过滤装置、油箱内油泥清除及管道防腐，各级油缸密封检查；

⑤工作闸门和检修闸门的检查及处理、止水检查及漏水处理；

⑥机组的清扫检查。

第六章　机组安装

6.1　机组安装前工作

(1) 机组安装在解体、清理、保养、检修后进行，安装后机组转动部件的中心应与固定部件的中心重合，各部件的高程和相对间隙应符合规定。固定部分的同轴度、高程、水平，转动部分的轴线摆度、垂直度(水平)、中心、间隙等是影响安装质量的关键。

(2) 机组安装应按照先水泵后电机、先固定部分后转动部分、先零件后部件的原则进行。

(3) 各部件结合安装前，应查对记号或编号，使复装后能保持原配合状态，总装时按记录安装。

(4) 总装时先装定位销钉，再装紧固螺栓；螺栓装配时应配备套筒扳手、梅花扳手、开口扳手和专用扳手；安装细牙连接螺栓时，螺纹应涂防咬合润滑剂，螺纹伸出一般为 2～3 牙为宜。

(5) 安装时各金属滑动面应涂油脂；设备组合面应光洁无毛刺。

(6) 部件法兰面的垫片，如石棉、纸板、橡皮板等，应拼接或胶接正确，以便安装时按原状配合。平垫片应用燕尾槽拼接，O 型固定密封圈宜用胶接。

(7) 法兰连接的三角形沟槽、矩形沟槽的 O 型密封圈选用应符合表 6.1 和表 6.2 的要求。

表 6.1　法兰三角形沟槽用 O 型密封圈尺寸　　单位：mm

O 型密封圈直径	1.9	2.4	3.1	3.5	5.7	8.6	12
三角形槽宽	2.5	3.2	4.2	4.7	7.5	11	16.5

表 6.2 法兰矩形沟槽用O型密封圈尺寸 单位:mm

槽宽	2.5	3.2	4.4	7
槽深	1.5	1.9	2.5	5
O型密封圈直径	1.9	2.4	3.1	5.7

(8) 水泵及电机组合面的合缝检查应符合下列要求。

①合缝间隙一般可用0.05 mm塞尺检查,不得通过。

②当允许有局部间隙时,可用不大于0.10 mm塞尺检查,深度应不超过组合面宽度的1/3,总长应不超过周长的20%。

③组合缝处的安装面高差应不超过0.10 mm。

(9) 部件安装定位后,应按设计要求装好定位销。各连接部件的销钉、螺栓、螺母,均应按设计要求锁定或点焊牢固。有预应力要求的连接螺栓应测量紧度,并应符合设计要求。

(10) 对大件起重、运输应制定操作方案和安全技术措施;对起重机各项性能要预先检查、测试,并逐一核实。

(11) 安装电机时,应采用专用吊具,不应将钢丝绳直接绑扎在轴颈上吊转子,不应有杂物掉入定子内。

(12) 不应以管道、设备或脚手架、脚手平台等作为起吊重物的承力点,凡利用建筑结构起吊或运输大件应进行验算。

(13) 油压、水压、渗漏试验。按设计要求进行油压试验或耐压试验、渗漏试验,未作规定时可按如下要求试验。

①强度耐压试验。试验压力应为1.5倍额定工作压力,保持压力10 min,无渗漏和裂缝现象。

②严密性耐压试验。试验压力应为1.25倍额定工作压力,保持压力30 min,无渗漏现象。

③油缸等开敞式容器进行煤油渗漏试验时,应至少保持4 h。

④如设计部门无明确要求,宜按表6.3的规定进行试验。

表 6.3 油压、水压、渗漏试验的要求

序号	试验部件	试验步骤	试验项目	试验时间(h)	试验压力(MPa)	标准
1	油冷却器	安装前 安装后整组	水压 水压	1.5 1	0.4 0.35	无渗漏 无渗漏
2	操作油管	安装前 安装后	油压 油压	1 1	2.5 2.5	无渗漏 法兰处无渗漏

续表

序号	试验部件	试验步骤	试验项目	试验时间(h)	试验压力(MPa)	标准
3	转叶式油缸	安装前	油压	1	2.5	无外渗
4	叶轮轮毂	试验过程中操作叶片全行程2～3次	油压	16	0.5	无外渗
5	电机上下油缸	安装前	煤油试漏	≥4		无渗漏
6	导油盆油箱	安装中	煤油试漏	≥4		无渗漏
7	制动器	安装前单只 安装后整组	油压 油压	0.5 0.5	10(高压油泵)	无渗漏 无渗漏

(14) 机组检修安装后，设备、部件表面应清理干净，并按规定的涂色进行油漆防护，涂漆应均匀，无起泡、皱纹现象。设备涂色若与厂房装饰不协调，除管道涂色外，可作适当变动。阀门手轮、手柄应涂红色，并应标明开关方向。铜及不锈钢阀门不涂色，阀门应编号。管道上应用箭头表明介质流动方向。设备涂色应符合表6.4的规定。

表6.4　设备涂色规定

序号	设备名称	颜色	序号	设备名称	颜色
1	泵壳内表面、叶毂、导叶等过水面	红	10	技术供水进水管	天蓝
2	水泵外表面	蓝灰或果绿	11	技术供水排水管	绿
3	电机轴和水泵轴	红	12	生活用水管	蓝
4	水泵、电机脚踏板、回油箱	黑	13	污水管及一般下水道	黑
5	电机定子外表面、上机架、下机架外表面	米黄或浅灰	14	低压压缩空气管	白
6	栏杆(不包括镀铬栏杆)	银白或米黄	15	高、中压压缩空气管	白底红色环
7	附属设备：压油罐、储气罐	蓝灰或浅灰	16	抽气及负压管	白底绿色环
8	压力油管、进油管、净油管	红	17	消防水管及消火栓	橙黄
9	回油管、排油管、溢油管、污油管	黄	18	阀门及管道附件(不包括铜及不锈钢阀门及附件)	黑

6.2　机组安装质量标准

机组安装质量应符合《泵站设备安装及验收规范》(SL 317—2015)、《大中型泵站主机组检修技术规程》(DB 32/T 1005—2006)及设备制造厂家安装检修的要求。

6.2.1　机组固定部件安装质量标准

(1) 机组固定部件垂直同轴度测量应以水泵轴承承插口止口为基准，中心线的基准偏差应不大于 0.05 mm。

(2) 水泵轴承承插口垂直同轴度允许偏差应不大于 0.06 mm。

(3) 电机定子铁芯上部同轴度、下部同轴度、上下部同轴度差值的绝对值不超过设计空气间隙的 4%。

(4) 电机上机架水平、下机架水平偏差不宜超过 0.10 mm/m。

6.2.2　机组转动部件安装质量标准

(1) 转子吊装后，应按磁场中心(即定子矽钢片中心)核对定子安装高程，并使定子铁芯平均中心线等于或高于转子磁极平均中心线，其高出值应不超过定子铁芯有效长度的 0.5%；当转子位于机组中心时，检查定子与转子间空气间隙，各间隙与平均间隙之差的绝对值应不超过平均间隙值的 10%。

(2) 镜板水平度应不大于 0.02 mm/m。

(3) 电机轴上下导轴颈及联轴器处测量的相对摆度应不超过 0.03 mm/m。水泵轴轴承处测量的相对摆度应不超过 0.05 mm/m。在任何情况下，水泵导轴承处主轴的绝对摆度应不超过 0.30 mm。

(4) 轴线摆度调整合格后，应复查并调整镜板水平度和推力瓦受力。

(5) 调整泵轴下轴颈处轴线转动中心处于水导轴承插口中心，其偏差应不超过 0.04 mm。

(6) 实测叶片间隙与平均间隙之差的绝对值应不超过平均间隙值的 20%。

6.2.3　轴瓦、轴承安装质量标准

(1) 镜板与推力头之间绝缘电阻值应在 40 MΩ 以上，导轴瓦与瓦背之间绝缘电阻值应在 50 MΩ 以上。

(2) 电机导轴瓦安装应根据泵轴中心位置、计算摆度值及其方位进行间隙调整，其间隙应符合要求。

(3) 油缸盖板径向间隙宜为 0.5～1 mm，毛毡装入槽内应有不小于 1 mm 的压缩量。

(4) 机组推力轴承在充油前，其绝缘电阻值应不小于 5 MΩ。

(5) 油缸油面高度与设计要求的偏差不超过±5 mm。

(6) 合金导轴瓦应符合如下要求：

①筒式(水导)瓦的总间隙应符合设计要求，圆度及上、下端总间隙之差，均不应大于实测平均总间隙的10%；

②分块轴瓦应进行研刮，电机导轴瓦瓦面每平方厘米至少有1个接触点；水导轴瓦瓦面要求与轴颈接触均匀，每块轴瓦的局部不接触面积，不应大于轴瓦面积的5%，其总和应不超过轴瓦总面积的15%。

(7) 推力轴承应符合如下要求：

①推力轴瓦应无脱壳、裂纹、硬点及密集气孔等缺陷；

②镜板工作面应无伤痕和锈蚀，粗糙度应符合设计要求。

(8) 抗重螺栓与瓦架之间的配合应符合设计要求。瓦架与机架之间应接触严密，连接牢固。

6.2.4 水泵安装质量标准

(1) 叶轮室圆度，按叶片进水边和出水边位置测量所得半径与平均半径之差的绝对值，应不超过叶片与叶轮室设计间隙值的10%。

(2) 机组固定部件垂直同轴度测量应以水泵轴承承插口止口为基准，中心线的基准误差应不大于0.05 mm，水泵单止口承插口轴承平面水平偏差应不超过0.07 mm/m。机组固定部件垂直同轴度应符合设计要求，无规定时，水泵轴承承插口垂直同轴度允许偏差应不大于0.08 mm。

(3) 叶片在最大安放角位置时，在进水边、出水边和中心三处测量，与相应位置平均间隙之差的绝对值，不超过平均间隙的20%。

(4) 受油器安装技术要求：受油器体上各油封轴承的不同轴度应不大于0.05 mm；受油器水平偏差，在受油座的平面上测量应不大于0.04 mm/m；受油器对地绝缘，在泵轴不接地情况下测量，不小于0.5 MΩ。

(5) 上盖的水平度允许误差为0.05 mm/m。

6.2.5 电机安装质量标准

(1) 上、下机架安装的中心偏差应不超过1 mm；上、下机架轴承座或油缸的水平偏差，宜不超过0.10 mm/m，高程偏差不超过±1.5 mm。

(2) 定子安装要求：定子按水泵实际垂直中心找正时，各半径与平均半径之差，应不超过设计空气间隙值的±5%；在机组轴线调整后，应按磁场中心(即定子矽钢片中心)核对定子安装高程，并使定子铁芯平均中心线等于或高于转子磁极平均中心线，其高出值应不超过定子铁芯有效长度的0.5%；当转子位于机组中心时，应分别检查定子与转子间上端、下端空气间隙，各间隙与平均间隙之差应不超过平均间隙值的±10%。

(3) 推力头的安装要求：使用液压螺栓拉伸器连接转子与推力头，即对螺栓进行拉伸变形，进行拆装的液压拉伸器将螺栓拉长，然后拧上螺帽，利用弹性螺栓卸压后的反向拉力锁紧。

(4) 调整水泵下轴颈中心位置，其偏差应在 0.04 mm 以内。

(5) 镜板水平度应不大于 0.02 mm/m。

(6) 机组各部最大摆度值不应大于表 6.5 的规定值。

表 6.5　机组轴线允许摆度值(双振幅)

轴的名称	测量部位	相对摆度(mm/m) (轴的转速为 75 r/min 时)
电机轴	上下导轴承处的轴颈及联轴器	0.03
水泵轴	轴承处的轴颈	0.05

注：相对摆度=绝对摆度(mm)/测量部位至镜板距离(m)，绝对摆度是指在该处测量的实际摆度值。

6.2.6　其他部件安装质量标准

(1) 碳刷与集电环应接触良好，碳刷压力宜为 15～25 kPa，碳刷上的编织线不能与机壳及其他碳刷接触。

(2) 制动器安装时相互间高差值控制在 1 mm 内，制动块能自动复位。

(3) 顶车装置相互间高差值控制在 1 mm 内，千斤顶能自动复位，与转子轮辐应保持一定距离。

(4) 测温装置绝缘电阻应不小于 0.5 MΩ。

6.3　机组安装步骤

6.3.1　机组总体安装流程

(1) 叶轮头吊装就位；

(2) 泵支撑盖，上盖、中盖、下盖等部件吊装就位；

(3) 电机下机架吊装就位、下油缸检查清洁；

(4) 电机定子、下机架与泵轴承承插口止口垂直同轴度调整；

(5) 下操作油管安装及压力试验、泵轴安装；

(6) 电机下导轴承架、推力瓦吊装就位,并初调瓦面高程水平等;

(7) 中操作油管安装及压力试验、推力头安装;

(8) 上操作油管安装及压力试验,电机轴上段及转子吊装就位;

(9) 电机上机架吊装、上导轴承安装;

(10) 水平和摆度测量、调整处理;

(11) 下油缸挡油筒及底盖安装,上下油缸渗漏试验,冷却器安装及压力试验;

(12) 安装电机上、下导轴承及水导轴承;

(13) 机组转动部分定中心;

(14) 测量、调整轴瓦间隙、叶片间隙、空气间隙、磁场中心等;

(15) 安装叶调机构;

(16) 安装机组其他部件;

(17) 安装机组油、气、水管路,上下油缸加油等;

(18) 电气接线。

6.3.2 关键工序安装

(1) 测量与调整固定部件垂直同轴度

以电机定子为基准,测量调整下机架、泵顶盖的垂直同轴度,使其垂直同轴度符合规范要求。

测量垂直同轴度时,在电机层十字中心线上放一求心架,中间设求心器,放下求心器上的钢琴线,末端挂一重锤,穿过上下轴窝孔,使重锤浸没在水导轴窝内的盛有机油的油桶内,以保持稳定。然后再准备电线,使一端接在求心器上,中间串联干电池两节,耳机一副,另一端接在所测的轴窝面上,这样便构成一电气回路。

求心器是用于悬挂钢琴线并调节中心的专用工具,它利用上下两块拖板的移动,使钢琴线作左、右、前、后移动,测量时为保证精度,使误差在允许范围内,要注意以下几点。

①求心架安放要平稳,并注意对地绝缘,施测时四周要有护栏,不能碰撞求心架。

②悬挂的钢琴线直径为 0.3～0.4 mm、许用应力为 8 MPa,并无打结、折裂等隐患。

③重锤应带有 4 张叶片,重 10～15 kg,以便在油桶内能保持稳定,并拉紧钢琴线。

④油桶内的油要有一定的黏度，一般常为机油和柴油混合而成。桶与测量位置要有一定的距离，并需放置平稳。

⑤耳机的阻抗为 2 000 Ω 并与回路接通。

⑥被测的上下轴窝在东、南、西、北四个方位应画好施测位置，以免复测时位置变动造成人为误差。

⑦内径千分尺应预先校正准确，并注意防止磁化。

⑧测量时把内径千分尺的末端紧靠在轴窝施测点上，测头对准钢琴线作上下圆弧摆动，并将微调螺杆逐步伸长，当碰到钢琴线时，耳机内发出咯咯的响声，此时缩短微调螺杆，耳机内无声，再伸长到原来的读数，同样又发出响声，此时可旋紧止动螺丝，读出读数，即为所测的半径值。将东西、南北的半径差值调整到 0.02 mm 以内，即认为钢琴线已穿过中心。先把钢琴线调到下轴窝上止口平面中心，再测下轴窝下止口平面半径及上轴窝的上、下止口平面半径，并认真记录分析，作为处理的依据。

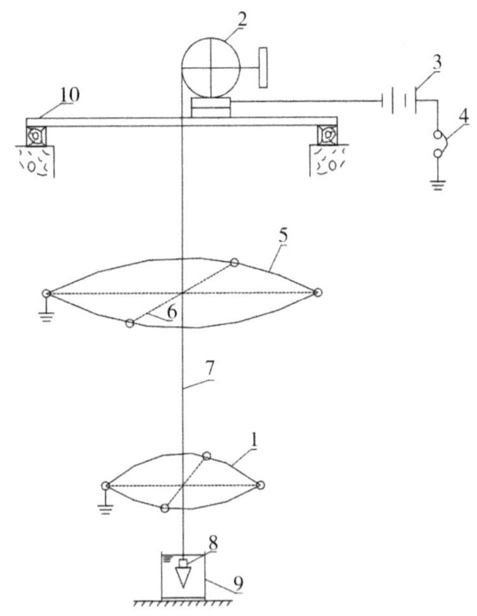

1 -基准部件；2 -求心器；3 -干电池；4 -耳机；5 -被测量部件；
6 -内径千分尺；7 -钢琴线；8 -重锤；9 -油桶；10 -求心器支架。

图 6.1　机组垂直同轴度测量示意图

(2) 测量与调整转动轴线摆度

①开启液压减载装置进行人工盘车。

②落下千斤顶，用专用扳手调整导轴瓦抗重螺栓适度抱紧电机下导轴瓦。

③在电机轴顶部位置，装设水平梁和水平仪，使用盘车设备进行盘车，通过调整推力瓦高度，初步调整镜板水平度，并检查磁场中心的高度是否在规定的范围内。

④在电机上导、下导轴颈，按 90°上下同方位架设带磁座的百分表，分 8 个方位，盘车测量电机的上导、下导轴颈处的轴线摆度值并记录。

⑤根据记录分析，处理绝缘垫使上导轴颈摆度符合规范要求。

⑥电机轴与泵轴连接，盘车测量水导轴颈的摆度，用刮削水泵轴法兰面的方法处理水导轴颈处摆度，直至整个机组轴线摆度符合要求，并记录。

(3) 精调镜板水平度和推力瓦受力

①调整推力瓦水平，把所有的推力瓦调整到一个水平面，推力瓦所处的高程应满足转子和定子磁场中心的要求。

②用专用测量工具测量定子和转子的磁场中心，根据测量数据结合叶片间隙调整推力瓦高度，确保磁场中心和叶片间隙合格。

③检查各推力瓦受力情况，用扳手或手锤复核，使所有推力瓦受力均匀。

④镜板水平度检查验收后，锁定推力瓦抗重螺栓。

⑤安装轴瓦测温元件和上油缸油冷却器，冷却器做严密性耐压试验，试验压力 0.35 MPa，时间 1 小时，无泄漏。

(4) 调整转动部件轴线中心

①安装电机下导轴瓦，采用盘车法调整旋转轴线中心，使旋转轴线中心和固定部件中心重合。

②在水泵水导轴承轴颈处固定一只百分表，表针指向水导轴承插口止口，盘车测量 4 个方位数据，根据测量记录调整主轴中心。

③利用下导轴瓦进行轴线中心调整。在下导轴颈处互为 90°方向装设 2 只百分表监视主轴位置，根据盘车测量记录，确定移动调整数值，每调整一次，应进行一次盘车。调整后的主轴处于自由状态，反复多次，直至合格。

④轴线中心调整合格后，在电机上导和下导轴瓦处用专用千斤顶将主轴抱死，抱轴的过程中，在水导轴颈处用百分表监视主轴位置，确保无任何移动。

(5) 测量与调整各部间隙

①用专用塞尺配合外径千分尺测量定、转子之间的空气间隙，并根据记录进行计算分析。

②根据设计要求和最大摆度值及方位，计算电机和水泵各导轴瓦的应调间隙，用专用扳手和塞尺测量调整上、下导轴瓦的间隙。

③安装水导轴瓦，采用推轴法测量水导轴瓦间隙。

④拆除抱轴千斤顶，使主轴处于自由状态。

⑤盘车测量叶片间隙，列表记录，并分析。

(6) 安装其他部件

①安装上油缸瓦托、测温系统、盖板、集电环和机罩，有关数据应符合规范要求。

②安装下油缸瓦托、测温系统、油冷却器、盖板，有关数据应符合规范要求。

③安装水泵其他部件。

④安装电机和水泵油、气、水管路，检查应无渗漏。

⑤上、下油缸加油至导轴瓦抗重螺栓中心。

(7) 安装叶调机构

①检查调节机构底座水平与高程。

②对操作油管的摆度进行检查与处理。

③安装配油器体。

④安装电气部分。

⑤安装结束后，进行调节试验，检查叶片指示角度上、下是否一致。

⑥检查叶片调节控制装置是否完好、仪表是否显示正确。

(8) 电气接线

①转子励磁接线固定牢固，绝缘合格。

②检查测温装置接线，各测温元件显示正确。

③安装转速、振动、摆度等检测装置，接线正确，显示正常。

(9) 进水流道充水

①检查、清理流道。

②封闭检修进人孔，关闭进水流道检修排水闸阀，打开充水阀，使流道中水位逐渐上升，直到检修闸门内外水位持平。

③充水时，派专人仔细检查各密封面和结合面，应无渗漏水现象。观察24小时，确认无渗漏水现象后，方能提起下游检修闸门。

④如发现水泵顶盖处漏水，立即在漏水处做好记号，关闭充水阀，打开检修排水阀，启动检修排水泵，待流道排空，对漏水处处理完毕后，再次进行充水试验，直到完全消除漏水现象。

6.4 水泵安装

6.4.1 转叶油缸安装

(1) 制作三个吊装专用工具,使用三颗 M80 螺栓将其均匀固定于转叶油缸边,大钩使用两根 ϕ34 mm 钢丝绳挂住两个吊点倾斜吊起转叶油缸,小钩使用一根 ϕ28 mm 钢丝绳挂住另一吊点用于转叶油缸翻身,将转叶油缸放于叶轮头法兰面的垫木上,清理转叶油缸。

图 6.2 转叶油缸起吊

(2) 使用 ϕ34 mm 钢丝绳,单根并双股对称吊于专用工具内,专用工具使用 M80 螺栓固定于转叶油缸上。根据第一次吊起倾斜角度加装一个 15 t 手拉葫芦进行水平调整。清理转叶油缸与叶轮头接触面,安装 ϕ12 mm 的耐油橡皮密封圆条(涂抹型号 HZ-1213 密封胶),紧固转叶油缸与叶轮头连接的 18 颗 M80 螺栓,使用铁片封住固定销,使用钢筋将相邻三颗螺栓焊在一起防止螺栓松动。

图 6.3 转叶油缸安装

（3）转叶油缸与叶轮头安装过程中，在安装连接转叶油缸与轮毂体上端面18颗M80螺栓时，如果转叶油缸下方与托盘连接处固定销销孔出现对齐困难时，应保证转叶油缸与轮毂体上端面丝孔对齐，通过千斤顶调整叶片角度，使转叶油缸下方与托盘固定销销孔对齐，而后使用千斤顶安装8只固定销。

图6.4　转叶油缸固定销安装

（4）清理叶轮头底盖表面毛刺后更换 ϕ12 mm 耐油橡皮密封圆条，涂抹HZ－1213密封胶，并紧固底盖与轮毂体之间的24颗M16螺栓。

（5）进行转叶油缸压力试验和叶片转动实验，转叶油缸设计工作压力为2.5 MPa并保持24小时，通过内腔与外腔加压来调整角度，范围为－16°至0°。

（6）安装转叶油缸螺栓保护盖板。

6.4.2　叶轮头安装

（1）使用两根 ϕ34 mm 钢丝绳并成四根双股绳起吊叶轮头置于导水锥上，4个叶片与叶轮外壳间隙处垫6 mm厚铜板以固定叶片。

图6.5　叶轮头吊装

(2) 待各导轴瓦安装好后，测叶片间隙。四个叶片和对应叶轮外壳内壁按照东南西北方向分别标号，将叶片角度调至－16°后，使用塞尺插入叶片与叶轮外壳内壁之间，按照角度从高到低进行测量，每个叶片有上中下三个位置的数据，一组四个叶片测完后顺时针盘车 90°再进行第二组测量，共测量四组数据。

图 6.6　测量叶片间隙

表 6.6　叶片间隙　　单位：mm

	A(1)			B(2)			C(3)			D(4)		
	上	中	下	上	中	下	上	中	下	上	中	下
东	5.15	4.75	5.00	5.35	5.25	5.30	5.30	5.20	5.25	5.20	5.15	5.15
南	4.80	5.05	5.05	5.30	5.20	5.25	4.95	5.10	5.15	4.90	5.25	5.40
西	5.35	4.70	5.00	5.75	5.00	5.30	5.55	4.95	5.20	5.25	5.10	5.30
北	5.00	4.60	4.65	5.30	4.90	5.05	4.85	4.65	4.80	4.85	4.75	4.90

平均：5.09　最大：＋13%　最小：－9.6%

6.4.3　顶盖安装

(1) 使用两根 ϕ34 mm 钢丝绳间隔穿插于中盖加强筋处，起吊并安装中盖与下盖。

(2) 使用 ϕ14 mm 钢丝绳、6.8 t 吊耳安装上盖，更换上盖与中盖间的 ϕ12 mm 耐油橡皮密封圆条，涂抹 HZ－1213 密封胶，使用手拉葫芦调节平衡，使用电动扳手固定上盖与中盖间共 48 颗 M32 螺栓。更换相邻上盖间的 ϕ12 mm 耐油橡皮密封圆条，涂抹 HZ－1213 密封胶，四个上盖之间连接处共有 28 颗 M28 双头螺栓，侧面和顶面各有 4 只固定销。

图 6.7　安装下盖、中盖与上盖

(3) 安装支撑盖于座环上，座环上共有 48 颗 M32 螺栓和 8 颗启缝螺栓，上盖与支撑盖间共有 96 颗 M32 螺栓，支撑盖与支撑盖之间共有 40 颗螺栓、4 只固定销，更换支撑盖与座环间的 ϕ12 mm 耐油橡皮密封圆条，涂抹 HZ－1213 密封胶。

图 6.8　安装支撑盖

(4) 提吊上、中、下盖与支撑盖接触，紧固连接处连接螺栓，临时安装水导油缸底座 24 颗 M28 双头螺栓，用于测量水导轴承承插口止口垂直同轴度。

图 6.9　安装水导油缸底座

（5）同轴度测量

①测量步骤

安装测量仪器：将百分表牢固地安装在磁性表座上，并将磁性表座吸附在水泵、电机轴的端面上；调整百分表的表头，使其垂直对准待测轴颈的侧面、端面。

标记测量位置：在联轴器或轴颈上标记出测量位置，选择 0°、90°、180°、270°四个方位取测量点；使用记号笔在轴上画出清晰的标记线，以便在测量过程中准确对准。

进行测量：开启液压减载盘车，使联轴器或轴颈上的测量点依次对准百分表的表头，在每个测量点上，记录百分表的读数；测量多次并取平均值，以提高测量结果的准确性。

记录数据：将测量数据记录在表格中，包括测量位置、百分表读数、测量时间等，确保数据的准确性和完整性，以便后续的数据分析和处理。

②数据分析和处理

计算径向偏差：根据测量数据，计算每个测量点上的径向偏差。径向偏差可以通过测量点上的百分表读数之差来计算。将计算得到的径向偏差记录在表格中，并进行分析和比较。

计算垂直同轴度误差：根据径向偏差的数据，可以计算出水泵轴和电机轴在垂直方向上的同轴度误差。同轴度误差可以通过计算径向偏差的平方和的平方根来得到。

判断同轴度是否合格：将计算得到的同轴度误差与规定的同轴度公差进行比较。如果同轴度误差小于或等于同轴度公差，则认为水泵机组垂直同轴度合格；否则，需要进行调整。

③调整和校正

如果同轴度不合格，可以通过调整电机的位置来校正同轴度。根据测量结果和计算得到的调整量，调整电机的前后底座和左右位置。

图 6.10　测量水导轴承承插口止口垂直同轴度

图 6.11 轴线对中

6.4.4 水泵轴及下操作油管安装

(1) 安装下操作油管，更换 ϕ4 mm 耐油橡皮密封圆条，垫 0.25 mm 青壳纸，涂抹 HZ－1213 密封胶，紧固下操作油管与转叶式油缸连接处 12 颗 M10 螺栓。

图 6.12 安装下操作油管

(2) 下操作油管压力试验，稳定 2.5 MPa 压力，持续时长 1 小时，无渗漏。

图 6.13 下操作油管压力试验

(3) 安装泵轴,并测量泵轴与转叶式油缸的间隙小于 0.1 mm。更换泵轴与转叶式油缸之间 ϕ12 mm 耐油橡皮密封圆条,涂抹 HZ - 1213 密封胶,安装泵轴与转叶式油缸之间的 4 只横向固定销和 16 颗 M80 双头螺栓,并将 4 只横向固定销点焊固定。

图 6.14　安装泵轴

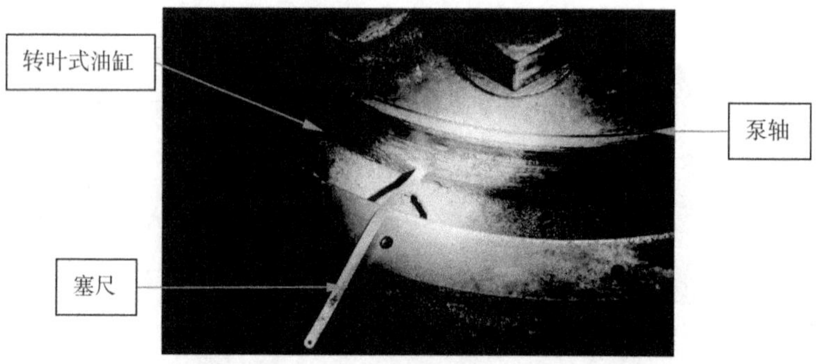

图 6.15　塞尺测量泵轴与转叶式油缸间隙

(4) 安装水泵轴螺栓保护罩,保护罩为分半式,紧固保护罩与水泵轴螺栓之间的 16 颗 M10 固定螺栓。

图 6.16　安装水泵轴螺栓保护罩

6.4.5　水导油缸安装

（1）更换水导油缸缸体与中盖接触面的 ϕ8 mm 耐油橡皮密封圆条，涂抹 HZ－1213 密封胶，安装水导油缸缸体与中盖间的 24 颗 M28 螺栓。

图 6.17　安装水导油缸缸体

（2）摆度测量调整合格后安装水导轴瓦，法兰面更换 0.4 mm 厚度青壳纸，使用 4 只定位销和 8 颗 M36 螺栓连接分半水导轴瓦。安装水导轴瓦与油缸缸体连接部分的 2 只定位销，并使用 20 颗 M42 螺栓连接水导轴瓦与油缸缸体。

图 6.18　安装水导轴承

（3）安装水导油缸挡油筒（水导挡油筒）。先吊装分半挡油筒放入中盖内，使用千斤顶将挡油筒顶托至泵轴凹槽处，固定分半挡油筒连接面的 12 颗 M8 螺栓。

使用两根螺杆穿入水导挡油筒螺孔处，旋紧螺母顶托水导挡油筒，更换水导挡油筒与水导油缸缸体之间的 ϕ4 mm 耐油橡皮密封圆条，涂抹 HZ－1213 密封胶，安装水导挡油筒与水导油缸缸体之间的 24 颗 M8 连接螺栓。

图 6.19　安装水导油缸挡油筒 1

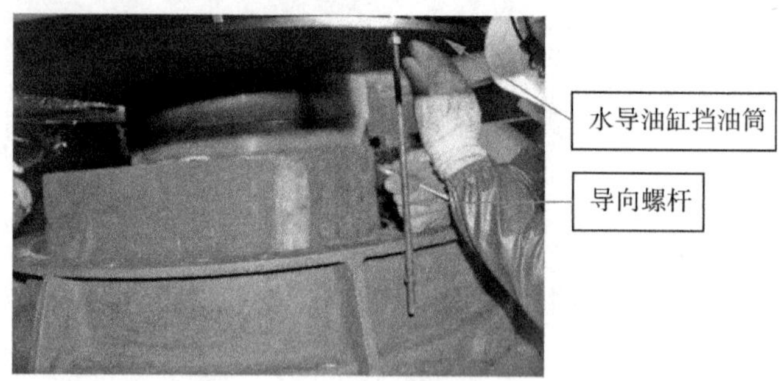

图 6.20　安装水导油缸挡油筒 2

(4) 安装水导油缸缸盖,更换耐油橡皮密封圆条,安装侧面连接分半缸盖的 10 颗 M10 螺栓,安装缸盖与缸体间 20 颗 M10 螺栓,连接进出水水管。

图 6.21　安装水导油缸盖

6.4.6　空气围带室安装

(1) 安装空气围带底座,更换空气围带底座与中盖间的 ϕ4 mm 耐油橡皮密封圆条,涂抹 HZ－1213 密封胶,安装空气围带底座与底座连接面(中盖)间的 16 颗 M8 内六角螺栓。更换空气围带室外壳与空气围带室底座法兰面间 0.5 mm 青壳纸，并使用手拉葫芦吊住吊耳缓慢下降空气围带室底座，安装 2 只 M10 定位销和 16 颗 M14 连接螺栓。

图 6.22　空气围带室底座

图 6.23　吊装空气围带底座

(2) 安装空气围带室，更换底座与中盖间的 5 mm 密封平垫，紧固底座与中盖间的 16 颗 M14 连接螺栓。

图 6.24　安装空气围带室

(3) 连接空气围带进气管,采用 M14 螺栓固定气嘴,空气围带安装前进行气密性试验,试验压力为 0.4 MPa,应无漏气现象。

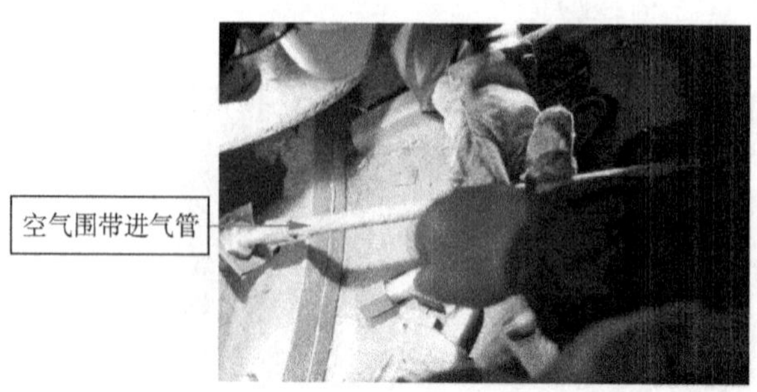

图 6.25　空气围带进气管

(4) 空气围带放气后检查空气围带与轴颈间隙,让空气围带与主轴之间保持 1.5～2 mm 的间隙。

图 6.26　检查空气围带与轴颈间隙

(5) 清理空气围带室上端面与静环座底法兰面,更换 ϕ8 mm 耐油橡皮密封圆条,涂抹 HZ－1213 密封胶。

图 6.27　静环底座安装

6.4.7　动静环安装

(1) 更换分半静环座之间 ϕ4 mm 耐油橡皮密封圆条，涂抹 HZ－1213 密封胶，安装分半静环座之间的 8 颗 M14 连接螺栓。

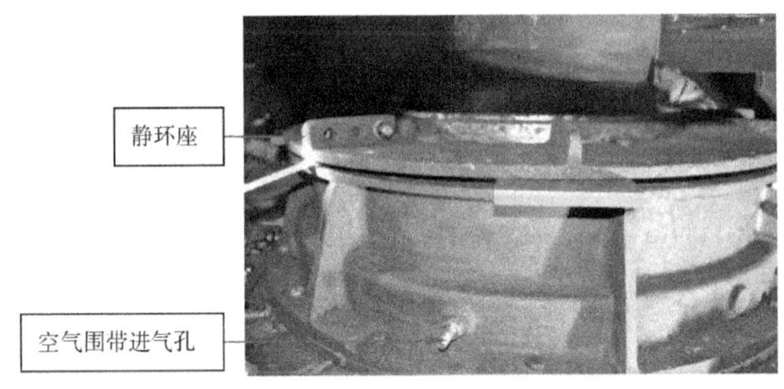

图 6.28　安装静环座

(2) 安装静环，静环与静环座之间为弹簧连接。

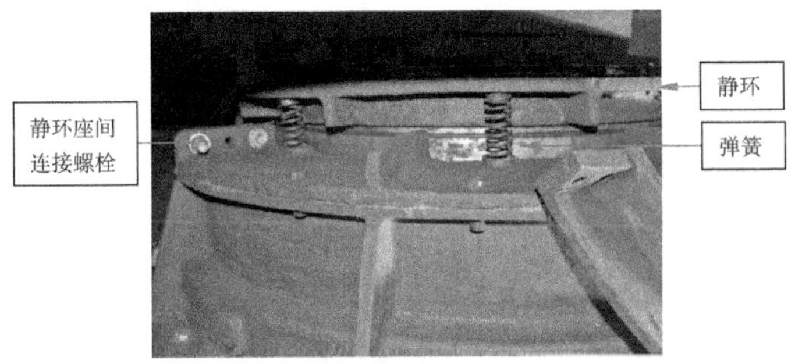

图 6.29　安装静环

(3) 安装动环，连接分半动环间的 4 颗 M10 止动螺栓，安装动环与泵轴间 2 只定位销。

图 6.30　动静环

6.5 电机安装

6.5.1 电机下机架安装

(1) 下机架吊装就位。下机架由下油缸及8只承重支脚组成,内部安装推力轴承和下导轴承等部件,吊装前使用 ϕ34 mm 钢丝绳均匀、对称间隔穿过下机架承重支脚孔,钢丝绳与支脚孔接触处加装橡胶垫防护。

图 6.31 下机架就位

(2) 使用大锤敲击专用扳手紧固下机架16颗M56底脚螺栓,架设水平仪检查下机架水平度。

图 6.32 安装下机架

6.5.2 中操作油管和推力头安装

(1) 安装中操作油管,更换 ϕ4 mm 耐油橡皮密封圆条,涂抹HZ-1213密封胶,垫0.25 mm青壳纸,紧固中操作油管与下操作油管间的12颗M16双头螺栓,控制中操作油管试验压力为 2.5 MPa,持续时长 1 小时无渗漏。

图 6.33　安装中操作油管

(2) 利用行车专用吊具吊装瓦托并安装就位,再安装推力瓦。

图 6.34　安装瓦托及推力瓦

(3) 吊装镜板与绝缘垫,镜板放置于推力瓦上,绝缘垫放置于镜板上,共有 6 个螺栓孔和 6 个定位孔。

图 6.35　安装镜板与绝缘垫

(4) 安装推力头,使用三根 ϕ34 mm 钢丝绳起吊,先安装 6 只定位销,再安装 6 颗 M50 双头螺栓,双头螺栓与定位销间隔安装。

图 6.36 推力头吊装就位

(5) 在脚手架上铺设木板,围绕水泵轴搭建平台,以便安装推力头与水泵主轴连接螺栓。使用专用扳手安装推力头与水泵轴连接处共 16 颗 M75 的螺栓,步骤如下。

①将联轴器螺栓向上顶托,旋上螺母。

②使用扳手将螺母对称旋紧。

图 6.37 安装联轴器连接螺栓

6.5.3 安装下油缸部件、上操作油管和电机轴

(1) 安装下油缸挡油筒,紧固分半式挡油筒组装面 26 颗 M14 螺栓,更换挡油筒和下机架连接处 ϕ8 mm 耐油橡皮密封圆条并紧固 24 颗 M14 螺栓。

图 6.38　安装下油缸挡油筒

(2) 使用 K－9119 AB 铸工密封胶封堵下油缸挡油筒连接缝和螺栓。

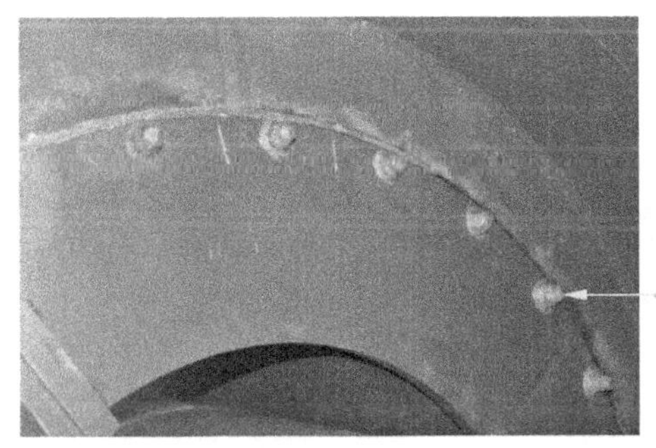

图 6.39　下油缸挡油筒螺栓封堵

(3) 紧固分半式下油缸底盖组合面共 6 颗 M20 螺栓，使用四根 M20×1 200 mm 螺杆穿入下油缸底盖，旋紧四颗螺母顶托并安装分半式下油缸底盖，紧固下油缸底盖与下机架连接处 24 颗 M20 螺栓，紧固挡灰板 10 颗 M8 螺栓。

图 6.40　安装封板

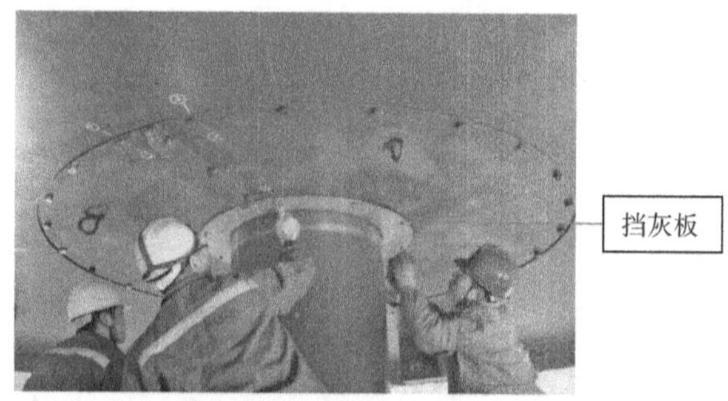

图 6.41　安装挡灰板

（4）安装并调试液压减载仪表及进出油管，调试压力范围为 2.0～4.5 MPa。

液压减载进油母管

液压减载回油管

图 6.42　调试液压减载

（5）安装上操作油管，更换 ϕ4 mm 耐油橡皮密封圆条，涂抹 HZ－1213 密封胶，紧固上操作油管与中操作油管间 12 颗 M16 双头螺栓，上操作油管进行压力试验，控制压力为 2.5 MPa，持续时长 1 小时无渗漏。

图 6.43　安装上操作油管

(6) 安装电机轴，更换 ϕ8 mm 耐油橡皮密封圆条，涂抹 HZ-1213 密封胶，紧固电机轴与推力头顶部连接处 12 颗 M24 双头螺栓。

图 6.44　安装电机轴

(7) 吊装 8 个冷却器至安装口，每个冷却器与下油缸连接面有 32 颗 M12 固定螺栓、2 个管道法兰接口，每个管道法兰接口与进水管(回水管)间以 4 颗 M12 螺栓固定。

图 6.45　吊装下油缸冷却器

(8) 安装冷却器。清理冷却器法兰接触面，更换 2 mm 厚密封平垫，涂抹 HZ-1213 胶，使用手拉葫芦安装冷却器。

图 6.46　安装下油缸冷却器

(9) 安装冷却器进出水管,进出水管与冷却器法兰面处使用 2 mm 厚密封平垫密封。

图 6.47　安装冷却器进出水管

(10) 安装定子线圈下侧挡板。

图 6.48　安装挡板

(11) 调试顶车和制动装置,使用油泵给制动装置加油,制动装置逐渐升高,检查 8 个制动块抬升高度并调整一致。每个制动装置内有 2 个密封垫,规格为 220 mm×204 mm×18 mm(外径×内径×高),共计 16 个。

图 6.49　调试顶车和制动装置

(12) 安装下油缸导瓦架,更换导瓦架与下油缸间 8 mm 密封平垫,涂抹 HZ - 1213 密封胶,并紧固 24 颗 M14 螺栓,固定螺栓锁片以防松动。

图 6.50　安装下油缸导瓦架

(13) 放置 12 个下导轴瓦,待调整好摆度后紧固抗重螺栓。

图 6.51　安装下导轴瓦

(14) 安装工序完成后,安装振摆测量装置。

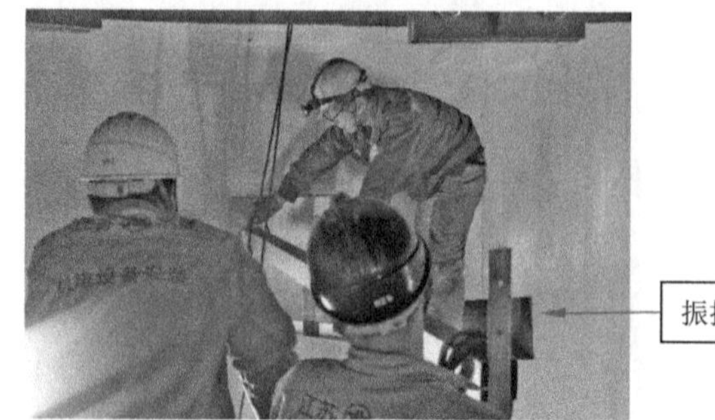

图 6.52　安装振摆测量架

6.5.4　电机转子安装

(1) 安装转子,使用 2 根 ϕ34 mm×18 000 mm 钢丝绳进行吊装,每根钢丝绳穿过转子钢结构吊装部位(在钢丝绳与吊装部位接触点垫上护垫,用于保护钢丝绳和钢结构)挂于主钩上,并于 ϕ34 mm×18 000 mm 钢丝绳 90°方向各挂

图 6.53　转子就位

1 只 10 t 的手拉葫芦作为辅助吊具以调节平衡，吊装后与推力头通过拉伸螺栓安装连接，利用液压减载装置进行人力盘车，复检转动部件各部位的摆度值，测量电机空气间隙和磁场中心，精调电机中心和高程以满足规范。

(2) 连接转子与推力头。

使用液压螺栓拉伸器安装转子和推力头 M80 连接螺栓，共 12 颗，液压螺栓拉伸器支承桥套在螺母外，拉伸螺母置于支承桥上，将磁座百分表针置于螺栓上调零，使用手压油泵按照拆卸时测量的压力和拉伸长度进行安装调整。由于拆卸前拉伸螺栓被拧紧到规定扭矩值并产生预紧力，而安装时螺栓没有预紧力，故以液压螺栓拉伸器压力为主调整拉伸量两次以紧固拉伸螺栓，最终数值见表 6.7。

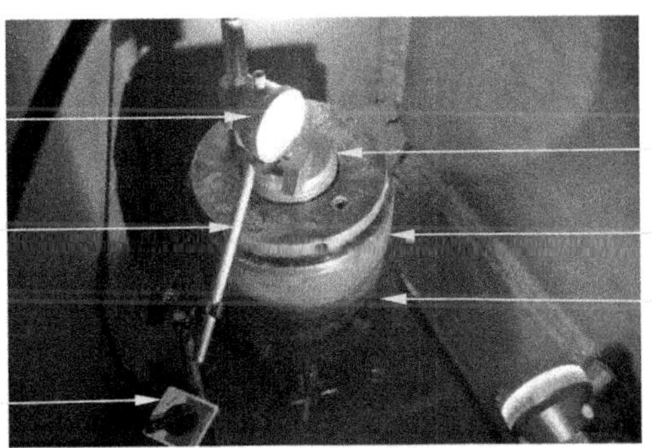

图 6.54　液压螺栓拉伸装置

表 6.7　液压螺栓实测数据

螺栓编号	拉伸力(MPa)	拉伸量(mm)	回缩量(mm)	伸长量(mm)
1	85	0.21	0.18	0.03
2	105	0.29	0.25	0.04
3	100	0.33	0.30	0.03
4	100	0.27	0.24	0.03
5	100	0.26	0.21	0.05
6	85	0.32	0.23	0.09
7	80	0.40	0.31	0.09
8	102	0.23	0.19	0.04
9	100	0.23	0.20	0.03
10	88	0.27	0.24	0.03
11	95	0.21	0.19	0.02
12	100	0.24	0.21	0.03

(3) 拉伸螺栓处焊接锁片用于固定。

图 6.55 焊接锁片固定拉伸螺栓

(4) 安装拉伸螺栓 6 块防护罩,紧固防护罩与推力头之间共 36 颗 M8 内六角螺栓。

图 6.56 安装拉伸螺栓防护罩

6.5.5 电机上机架安装

(1) 安装上机架,采用两根 ϕ34 mm 钢丝绳吊装,紧固 16 个上机架 M42 地脚螺栓。

图 6.57 上机架就位

（2）安装上导轴瓦衬套，使用4个螺纹导杆连接一块承压钢板用于支撑，使用两个千斤顶对称、水平压实到位。

图6.58　安装上导轴瓦衬套

6.5.6　电机磁场中心、空气间隙测量与调整

（1）测量调整电机磁场中心。磁场中心测量主要是确定电机定子与转子之间的相对位置，以确保它们之间的磁场分布均匀，从而提高电机的运行效率。测量步骤大致如下。

①准备工作：在定子上法兰圆周平面上进行等分，等分越多，测量越精确，皂河站选择8等分进行测量。

②测量过程：使用深度尺测量定子法兰上平面至转子磁轭上平面的垂直高差 H_p，分别测量出定子铁芯有效长度 S_d、磁极的有效长度 S_z、铁芯顶部至定子上平面的距离 h_d 以及转子磁极顶部至磁轭上平面的距离 h_z，记录数据。

图6.59　测量转子铁芯长度

③数据处理：计算出定子上平面至定子铁芯磁场中心距离 H_d 及转子磁轭上平面至磁极磁场中心距离 H_z，可得定子上平面至转子磁轭上平面的相对距离：$H_e=H_d-H_z$。计算所有测量值的平均值，并校核是否在要求的磁场中心范围内($H_e \leqslant H_p \leqslant H_e+0.5\%S_d$)。

表 6.8　定转子铁芯长度

单位：mm

	1	2	3	4	5	6	7	8
定子	6 146	6 153	6 157	6 164	6 148	6 165	6 165	6 148
转子	6 266	6 270	6 290	6 278	6 262	6 268	6 285	6 275

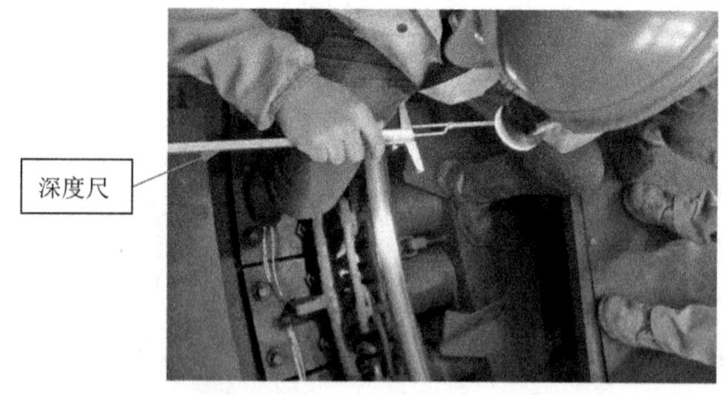

图 6.60　读取定子与转子之间的高度差

表 6.9　定转子高度差

单位：mm

北	东北	东	东南	南	西南	西	西北
3.9	5.0	7.1	5.0	5.5	4.2	3.1	4.0
3.8	4.3	3.5	3.3	3.7	4.6	1.8	3.0
3.3	6.5	6.3	3.0	5.0	3.7	3.0	4.0
2.9	6.0	2.6	4.7	5.5	5.5	2.1	5.2

平均：4.2 mm

(2) 测空气间隙。空气间隙是指电机定子与转子之间的间隙，对电机的性能有很大影响。空气间隙的测量需要确保精确，以避免因间隙过大或过小而导致性能下降或故障。

①测量方法：将气隙塞规(一米长的钢塞尺)插入到定子与转子之间，测量磁极和铁芯之间的间隙。对每个磁极和铁芯之间的间隙进行测量，并记录数据。

②数据处理：计算所有测量值的平均值，并根据规范判断最大最小空气间隙与平均空气间隙的差值是否超过平均间隙的±10%。

图 6.61　测量空气间隙

表 6.10　空气间隙

单位：mm

测点	1	2	3	4	5	6	7	8	9	10
实测值	8.40	8.40	8.45	8.40	8.40	8.35	8.30	8.25	8.25	8.15
测点	11	12	13	14	15	16	17	18	19	20
实测值	8.10	8.10	8.05	8.00	8.10	8.10	8.15	8.20	8.10	8.15
测点	21	22	23	24	25	26	27	28	29	30
实测值	8.00	8.00	7.80	7.55	7.55	7.50	7.50	7.35	7.30	7.30
测点	31	32	33	34	35	36	37	38	39	40
实测值	7.50	7.50	7.50	7.55	7.80	8.20	7.35	7.40	7.85	8.00
测点	41	42	43	44	45	46	47	48	49	50
实测值	8.15	7.95	7.85	7.75	7.75	7.75	8.10	7.95	7.90	7.95
测点	51	52	53	54	55	56	57	58	59	60
实测值	7.65	7.60	7.70	7.90	8.55	8.45	8.30	8.20	8.25	8.20
测点	61	62	63	64	65	66	67	68	69	70
实测值	8.30	8.10	8.05	7.95	7.90	7.85	7.90	8.00	8.00	7.80
测点	71	72	73	74	75	76	77	78	79	80
实测值	7.70	7.70	7.65	7.75	7.65	7.70	7.75	7.80	7.85	7.80
最大间隙：8.55				最小间隙：7.30				平均间隙：7.93		
最大间隙比=（最大间隙－平均间隙）/平均间隙=+7.8% 最小间隙比=（最小间隙－平均间隙）/平均间隙=－7.9%										

6.5.7 电机盖板安装

(1) 电机盖板增加减震垫,减小运行时盖板震动。

(2) 安装挡风板。

图 6.62 安装上机架挡风板

6.5.8 机组水平度、摆度测量与调整

1. 推力瓦调水平

推力瓦调水平,使镜板处于水平位置,电机轴达到铅垂状态,由于主轴的垂直度和镜板的水平度是通过盘车用水平仪测出的,故又称机组盘水平。

(1) 测量方法

开启液压减载装置,通过人力盘车,在电机轴处安装一水平梁,架设水平仪,按 8 个方向的编号确定盘车位置,并做好 8 个方向的水平数据记录。

(2) 调平方法

①用三块推力瓦调平。先按顺时针方向盘动转子,使水平线位于东南和西南瓦的连线上,调整水平仪下的调平螺丝,使气泡居中。再将转子转 180°,使水平线位于东南、西南瓦的连线上,记录水平仪气泡偏离中心的读数,偏在哪一边说明哪一边转子偏高,调整推力瓦下的抗重螺丝,转子磁极中心偏低时,便将偏低一边的抗重螺丝升高,升高或降低值,按调整气泡回到偏差格数的一半为准。再将转子旋转 180°,调整水平仪使气泡居中,再旋转 180°,看水平仪是否合格,如不符合,再调抗重螺丝,如此反复几次,直到水平误差在 0～0.03 mm/m 时为止。东南、西南瓦调平后,将水平梁旋转 90°,使其同东南、西南瓦的连线垂直,升高或降低北瓦,使气泡回零,再将水平梁旋转 180°位置,观察水平仪上的气泡是否回零。如此反复调整,使北、东南、西南推力瓦在同一平面上,再升高其他块瓦

调受力，使之与镜板靠紧。

②用十字中心线法调平。先调南北向的 4 块瓦，按顺时针方向盘动转子，使水平梁位于北、西北、东南、南推力瓦之间，调整水平仪下的调平螺丝使气泡居中，再转 180°，使水平梁仍在原线上，看气泡偏在哪一边，升高或降低抗重螺丝使气泡调整至偏格数的一半，再转 180°看水平是否合格。如此反复几次至调平为止。再将水平梁位于东北、东、西南、西推力瓦之间，用同样方法将水平调到合格为止，再分格盘动转子，看 8 块瓦的水平情况，直至水平读数都在 0.03 mm/m 范围内。

表 6.11　机组水平

单位：mm

北	东北	东	东南	南	西南	西	西北
0.00	+0.01	0.00	+0.02	+0.03	+0.03	+0.02	0.00

2. 盘车测量上油缸、下油缸、水导油缸轴颈部位的摆度

(1) 摆度测量

电机轴线摆度的测量，目的是检查镜板与轴线的不垂直度，把摆度的方位、数值测出后，通过刮推力头与镜板间的绝缘垫，使各部位的摆度符合安装质量的要求。

①为进行摆度检查和轴线调整，在下导轴承位置安装 4 块导轴瓦，相邻瓦互成 90°，并调整瓦间隙值至一个较小值，这样既能限制径向移动，又能保证机组自由转动。

②在电动机上导轴颈(滑转子侧面)、电动机下导轴颈(推力头侧面)、水导轴颈(滑转子侧面)等 3 个部位测量。在选取的转动部件每个测量部位按圆周间隔 45°标记 8 个方位，且上、中、下方位一致，按逆时针方向将测点编号为 1～8 号。

③调紧 4 个方位上的 4 块导轴瓦的抗重螺丝，检查空气间隙，使转子处于定子中心的位置。同时要清除转动部件与固定部件间的刮碰障碍。

④在测量部位各装两只互成 90°的百分表，使指针垂直于所测的轴颈部位，调整指针读数为零，使指针能正负方向旋转。

⑤将转子旋转 360°，使转动部分趋于稳定，再把各部位百分表上的指针读数调零位。

以上工作完成后，由一人指挥进行盘车，按顺时针方向每转 45°在测点处停下，由一人读数，一人记录。如此旋转一圈后，百分表上的读数应回零，允许误

差为±0.02 mm，如超出应查明原因并重新盘车测量。

（2）摆度分析处理

电机轴线产生摆度的主要原因是镜板与轴线不垂直，故测出的百分表读数是逐点减少或逐点增加的，摆度呈圆形。但有时测出的百分表读数时大时小，甚至正负间隔，呈梅花形，这就说明摆度不成圆形，这是由多种因素造成的：如推力头与主轴配合较松、推力头底面与主轴不垂直、推力头与镜板间的绝缘垫厚薄不均、镜板加工精度不够，主轴本身有弯曲等。根据安装中碰到的实际情况，这种梅花形摆度圆主要是以下几种因素造成的。

①镜板表面变形，推力瓦受力不均

镜板表面变形，可能是制造上的缺陷，安装前没有处理好，也可能是绝缘垫不平，尤其是经过多次刮削的绝缘垫，不平整的绝缘垫放在镜板与推力头之间，用螺栓收紧后，会使镜板也发生变形。

推力瓦受力不均即高低位置不平，镜板在上面转动时，测出的摆度圆便呈梅花形。这时可用一根长杆螺栓，插进推力瓦端部的测温孔内，然后抓住长杆一端用力摇动推力瓦，会发现其中有受力不均的推力瓦存在，此瓦若随着推力头转动，摆度便轮流变换，这时便可找出镜板凹陷位置。

②推力瓦抗重螺丝或其支承部位松动

抗重螺丝用细螺纹支承在固定瓦架上，若固定瓦架焊接不牢，受力后发生下沉，便会使推力瓦受力不均，推力头呈倾斜面形状，斜的一侧推力瓦有松动现象。检查时用机组盘水平的方法，装上水平梁及水平仪进行盘车观测，这时可发现推力头的倾斜规律。倾斜处的推力瓦受力后，固定瓦架将变形，其大小随着受力时间的增加而增加。

③推力头松动

推力头与主轴应为过盈配合或偏紧的过渡配合，但有时由于装拆次数过多，导致推力头与主轴配合不紧，主轴转动时就会在推力头中摆动，这时必须处理好推力头再盘车。

④主轴表面及法兰盘侧面不平整

测量摆度时，百分表头紧靠在主轴表面及联轴器侧面上，如所测的面本身不圆，便会造成摆度圆不圆，因摆度圆中包括轴面的不圆度在内，故轴面不圆会影响到摆度的真正读数。

图 6.63 测量上油缸轴颈摆度

表 6.12 机组摆度

单位:mm

	北	东北	东	东南	南	西南	西	西北
上导	0.00	−0.01	−0.07	0.08	0.04	0.02	0.00	+0.01
下导	0.00	+0.02	+0.01	0.00	−0.01	+0.02	+0.02	+0.01
水导	0.00	+0.03	+0.09	+0.09	+0.06	+0.02	−0.02	−0.04

3. 主轴定中心

皂河站立式混流泵机组主轴定中心，以水泵导轴承上止口为基准，调整转动部分，在水泵轴上固定一百分表，旋转泵轴，测量四个方位的百分表读数，计算得出泵轴每个方位的平移量。主轴定中心后，泵轴轴线转动中心处于水泵轴承止口中心，其偏差不应大于 0.04 mm。

6.5.9 电机上油缸部件安装

(1) 安装上油缸冷却器水管，连接进出水水管。

图 6.64 安装上油缸冷却器

(2) 安装上导轴瓦瓦架,安装 2 只定位销并紧固瓦架与上油缸连接处 12 颗 M20 螺栓。

图 6.65　安装上油缸导轴瓦架

6.5.10　导轴瓦安装

空气间隙测量合格后便可调整导轴瓦间隙。测量导轴瓦间隙时,用塞尺检查抗重螺丝到导轴瓦背面的距离,要求符合设计间隙的规定值。

(1) 间隙测放,测放前先检查导轴瓦的绝缘电阻是否在 0.3 MΩ 以上,不合格时应进行干燥处理。测放间隙时,在导轴瓦两侧用顶瓦千斤顶顶在轴上,在轴颈处装上两只互成 90°的百分表,用于监视主轴的位移,然后用塞尺测放瓦背与抗重螺丝之间的距离,大于设计间隙 0.01 mm 的塞尺不应通过。

根据经验,如拧紧螺母在导轴瓦架的外侧时,由于螺纹存在间隙,拧紧后所放间隙要增加 0.02 mm,螺母如在瓦架的内侧,拧紧后所放间隙要减少 0.02 mm,故安放间隙时要把抗重螺丝的移动距离考虑在内。

图 6.66　抱瓦

(2) 间隙调整,皂河站电机采用半伞式结构,下导轴承和推力轴承置于下油槽内，下导轴瓦的单边间隙控制在 0.06～0.08 mm。上导轴瓦的双边间隙应把轴线摆度考虑在内，控制在 0.16～0.20 mm。

导轴承安装按下列要求确定并调整间隙。

导轴承的双边间隙由设计确定，而安装时的单边间隙的分配，要以转轴实际位置为测量基准，结合机组转动部分的支撑结构而定。

当转轴处于实际回转中心时，上导轴承轴瓦应调间隙按下式计算确定：

$$\delta_i = \frac{\delta}{2} - \frac{\phi_{max}}{2}\cos\alpha_i$$

式中：δ_i—各轴瓦的应调间隙(mm)；

δ—该轴承设计双边间隙(mm)；

ϕ_{max}—该轴承处的最大净摆度(mm)；

α_i—各轴瓦抗重螺栓中心与该处轴最大摆度点停留方位的夹角(°)。

图 6.67 调整上导瓦间隙

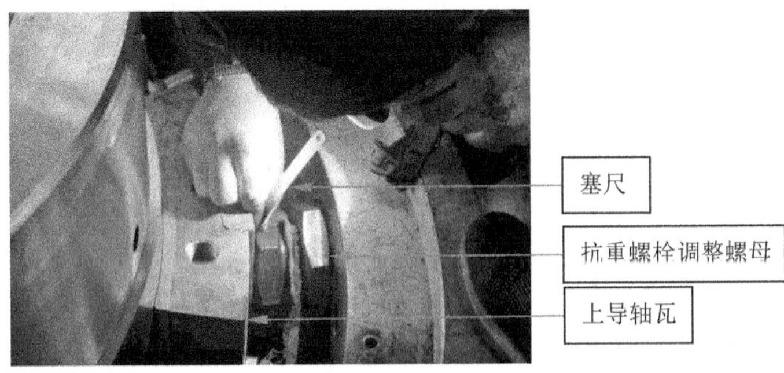

图 6.68 测量上导瓦间隙

当转轴与实际回转中心有少量偏心时，对各轴瓦间隙进行分配后，再做相应的增减，使轴在运转后移置到实际中心。各轴瓦间隙的增减值可按下式计算确定：

$$\Delta_i = \Delta_{max}\cos\beta_i$$

式中：Δ_i—各轴瓦增(负值)减(正值)量(mm)；

Δ_{max}—转轴与实际回转中心的最大偏心值(mm)；

β_i—各轴瓦支撑螺栓中心与转轴中心方位的夹角(°)。

(3) 在互成 90°方向架设两块百分表并调零，用于监测机组转动部分位移情况，保证依次对称拆除螺纹千斤顶后，百分表指针依然归零。

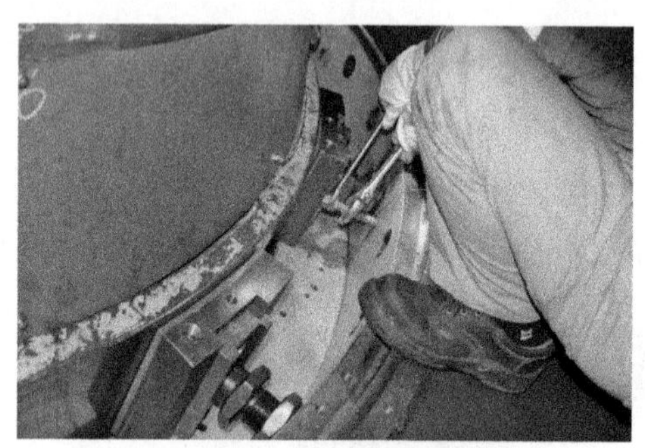

图 6.69 拆除螺纹千斤顶

(4) 安装四瓣式下油缸缸盖，紧固下油缸缸盖与下油缸连接螺栓。

图 6.70 安装下油缸缸盖

(5) 水导轴承安装定位。用顶瓦千斤顶将电机上导轴瓦抱紧主轴，在联轴器法兰侧面装设两只互成 90°的百分表用作监视，在下机架挂上两只手拉葫芦，吊起水导轴承并缓慢压入水导轴承座内，观察百分表读数有无变动。如有变动，说明个别部位有卡死现象，应重新提起轴承，错开一个连接螺孔位置，再次放下轴承，直至百分表读数无变动，即水导轴瓦与主轴轴颈四周均有间隙为止。

采用顶轴法测量间隙。在主轴轴颈处设一百分表，使小针有 1～2 mm 的数值，大针转到零位，在表的对面设一螺杆式千斤顶，将主轴向表的方向顶，当百分表读数稳定时，此值即为轴承在该点的间隙；将千斤顶松开，百分表读数应回零；把千斤顶移至对面，用同样方法顶主轴，表上读数即为该点的轴承间隙。如此测量，记录读数。

6.5.11　电机集电环安装

(1) 使用专用工具安装集电环，使用 2 只千斤顶对称同步顶压集电环内圈，安装集电环上 4 颗定位销与 4 颗 M36 螺栓。

图 6.71　安装集电环

(2) 安装上油缸导轴瓦压板，紧固导轴瓦压板与瓦架间 16 颗 M12 螺栓，安装 Pt100 铂热电阻。

图 6.72　安装上油缸导轴瓦压板

(3) 更换上油缸缸盖与上机架间 ϕ8 mm 耐油橡皮密封圆条，涂抹 HZ-1213 密封胶，并紧固上油缸盖与上机架间 24 颗 M12 螺栓。

图 6.73　安装上油缸盖

（4）安装上油缸盖挡灰板，紧固挡灰板与上油缸盖间 10 个 M12 螺栓。

图 6.74　安装挡灰板

（5）安装压环，紧固压环与电机轴颈间 8 颗 M36 螺栓，安装锁片以防螺栓松动。

图 6.75　安装压环

(6) 安装测速盘,对齐测速盘凹槽与轴颈键销安装。

图 6.76　安装测速盘

(7) 安装转子引出线,固定两颗 M30 螺栓。

图 6.77　安装转子引出线

(8) 安装电机轴密封衬套,密封衬套直径 360 mm。

图 6.78　安装电机轴上端密封衬套

(9) 安装内操作油管、外操作油管,更换内、外操作油管接触面 $\phi 5$ mm 耐油橡皮密封圆条，紧固接触面12颗M16螺栓，进行内、外操作油管摆度测量，采用打磨法兰面、青壳纸方法调整摆度。

图6.79　安装内、外操作油管

图6.80　测内、外操作油管摆度

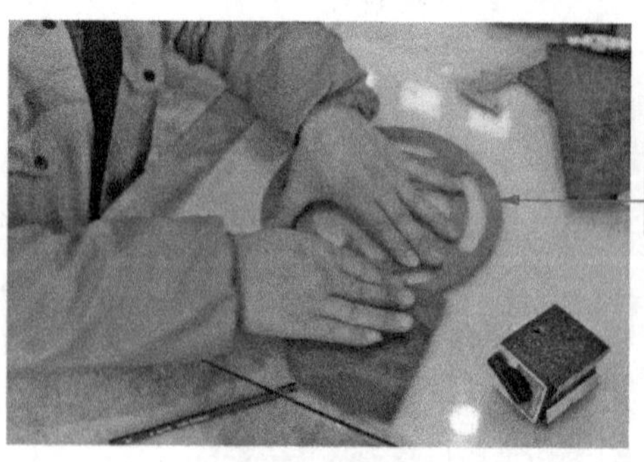

图6.81　打磨青壳纸调整摆度

6.5.12　叶调机构安装

(1) 安装电机帽,紧固电机帽与上机架间18颗M30螺栓,安装挡油板。

图6.82　安装电机帽和挡油板

(2) 安装受油器底座,制作专用工具测量水平度与同心度,使用专用工具紧固螺栓进行微调。

图6.83　测量受油器底座水平度

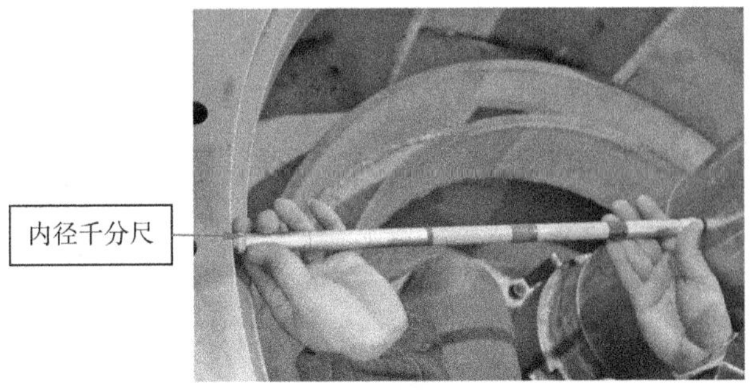

图6.84　测量受油器底座同心度

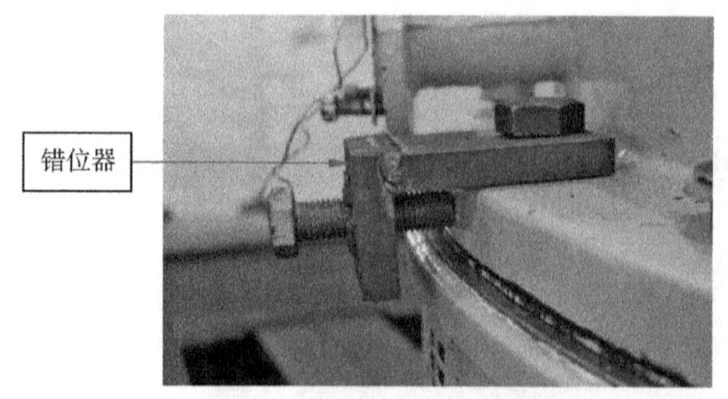

图 6.85　受油器底座径向调节

表 6.14　受油口同心度、水平度

	北	东	南	西
同心度(mm)	2.49	2.48	2.46	2.50
水平度(mm/m)	+0.02	+0.015	+0.01	+0.02

(3) 安装集油环,更换底座 2 mm 青壳纸,涂抹 HZ－1213 密封胶,固定集油环与受油器底座间 12 颗 M20 螺栓。

图 6.86　安装集油环

(4) 安装轴承衬套,轴承衬套内凹槽与四个键对齐安装。

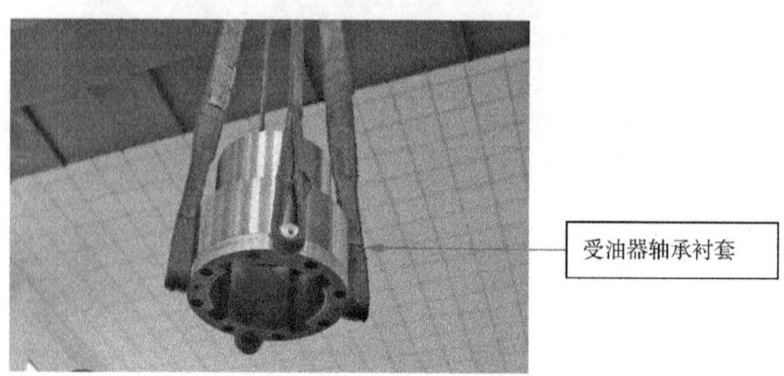

图 6.87　吊装受油器轴承衬套

(5) 安装垫环、换向凸轮，紧固垫环与换向凸轮连接处 12 颗 M16 螺栓。

图 6.88　安装垫环

图 6.89　安装换向凸轮

(6) 安装换向凸轮密封铜套，紧固密封铜套与换向凸轮连接处 12 个 8 mm 内六角螺栓。

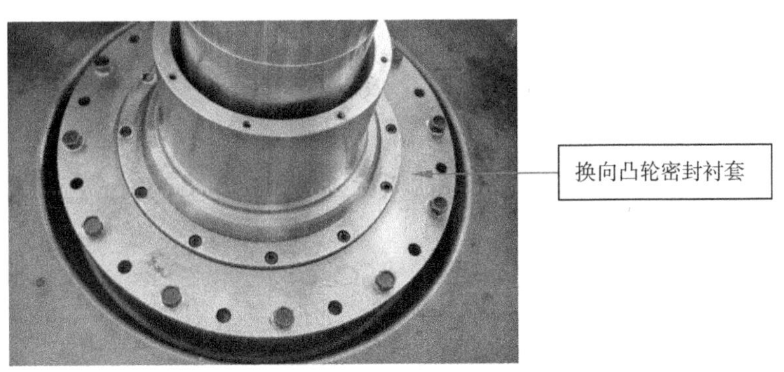

图 6.90　安装换向凸轮密封铜套

(7) 安装滚珠轴承，紧固滚珠轴承 8 颗 M10 螺栓。

图 6.91　安装滚珠轴承

图 6.92　安装受油器轴承压板

(8) 安装配油器压盖，紧固配油器压盖与配油器体连接处 6 颗 M12 螺栓，紧固密封铜套的 4 颗 M10 螺栓；安装配油器体 2 个定位销与 16 颗 M20 双头螺栓；配油器体三个密封铜套从下到上内径依次为：115 mm、115 mm、215 mm，均由 4 颗 M10 螺栓紧固。

图 6.93　安装配油器压盖

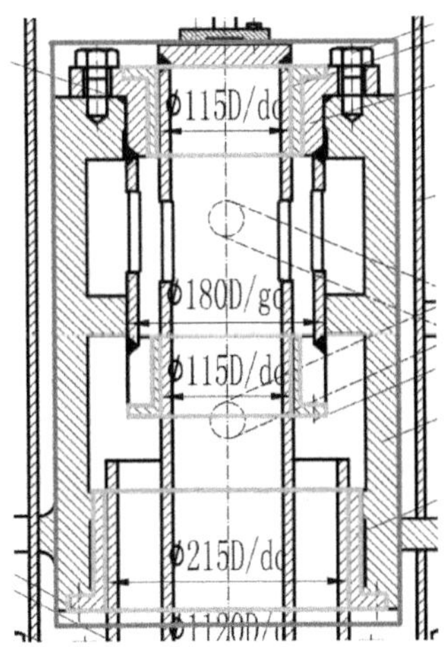

图 6.94　配油器衬套(浅色部分)

(9) 安装升降筒,紧固升降筒与配油器体连接处 12 颗 M16 螺栓。

图 6.95　吊装升降筒

(10) 安装配油器底座上垫环和配油器壳体,通过 16 颗 M20 长螺栓固定垫环与配油器壳体。

图 6.96　配油器底座上垫环

图 6.97　配油器壳体

（11）安装与主机组连接的辅机系统管道，根据技术图纸进行电气接线。

图 6.98　安装辅机管路

第七章　电气试验及试运行验收

7.1　电气试验

机组检修前、后对电机进行电气试验。主要试验项目应包括：

(1) 绕组的绝缘电阻、极化指数或吸收比测量；

(2) 绕组的直流电阻测量；

(3) 定子绕组的直流耐压试验和泄漏电流测量；

(4) 定子绕组的交流耐压试验；

(5) 转子绕组的交流耐压试验。

电机试验项目与要求应符合表 7.1 的规定。

表 7.1　电机大修试验项目

序号	项目	要求	说明
1	绕组绝缘电阻和吸收比	1. 绝缘电阻值：①额定电压 3 000 V 以下者，室温下不应低于 0.5 MΩ；②额定电压 3 000 V 及以上者，交流耐压前定子绕组在接近运行温度时的绝缘电阻值应不低于 U_n MΩ（取 U_n 的千伏数，下同），投运前室温下（包括电缆）不应低于 U_n MΩ；③转子绕组不应低于 0.5 MΩ。 2. 吸收比不小于 1.3。	1. 500 kW 及以上的电机，应测量吸收比（或极化指数）。 2. 3 kV 以下的电机使用 1 000 V 兆欧表；3 kV 及以上者使用 2 500 V 兆欧表。 3. 有条件时，应分相测量。
2	绕组的直流电阻	1. 3 kV 及以上或 100 kW 及以上的电机各相绕组直流电阻值的相互差别不应超过最小值的 2%；中性点未引出者，可测量线间电阻，其相互差别不应超过 1%。 2. 应注意相互间差别的历年变化。	

续表

序号	项目	要求	说明
3	定子绕组的泄漏电流测量和直流耐压试验	1. 试验电压：更换全部绕组时为 $3U_n$，大修或局部更换绕组时为 $2.5U_n$。 2. 泄漏电流相间差别一般不大于最小值的 100%，泄漏电流为 20 μA 以下者不作规定。 3. 500 kW 以下的电机自行规定。	有条件时，应分相进行。
4	定子绕组的交流耐压试验	1. 大修时不更换或局部更换定子绕组后试验电压为 $1.5U_n$，但不低于 1 000 V。 2. 更换全部定子绕组后试验电压为 $(2U_n+1\,000)$V，但不低于 1 500 V。	1. 低压和 100 kW 以下不重要的电机，交流耐压试验可用 2 500 V 兆欧表代替。 2. 更换定子绕组工艺过程中的交流耐压试验按制造厂规定。
5	转子绕组交流耐压试验	试验电压为 1 000 V。	可用 2 500 V 兆欧表代替。
6	定子绕组极性试验	接线变动时检查定子绕组的极性与连接应正确。	1. 对双绕组的电机，应检查两分支间连接的正确性。 2. 中性点无引出者可不检查极性。

7.2 机组试运行

机组大修完成且试验合格后，需进行大修机组的试运行。机组试运行前，由检修单位和运行管理单位共同制订试运行计划。试运行由检修单位负责，运行管理单位参加。试运行过程中，应做好详细记录。试运行的实施必须有组织、有领导统一指挥，充分考虑各方面可能出现的情况，做好应急措施及安全防范工作。机组试运行的主要工作是检查机组的有关检修情况，鉴定检修质量。

7.2.1 试运行技术方案

根据《泵站设备安装及验收规范》(SL 317—2015)、《水利工程施工质量检验与评定规范》(DB32/T 2334—2013)、《大中型泵站主机组检修技术规程》(DB32/T 1005—2006)规定，机组大修后试运行时间为带负荷连续运行 24 小时。本次试运行计划时间为 2023 年 3 月 27 日 10:00 至 2023 年 3 月 28 日 15:00。

试运行工作严格执行《皂河抽水站操作规程》及《皂河抽水站技术实施细则》中运行管理等相关规定，遇突发情况按《皂河抽水站泵站运行事故应急预案》中现场处置措施进行应急处理。

试运行通过后，即着手整理竣工资料，做好竣工验收的准备工作。运行记录表见附录 B。

7.2.2　试运行前准备工作

1. 主水泵

投入运行前应对主水泵进行检查并确保符合其运行条件。主要检查内容和要求如下。

(1) 安全防护设施完好。

(2) 技术供水正常。

(3) 润滑油油位、油色正常。

(4) 水泵调节机构应灵活可靠，叶片角度指示正确，温度、声音正常且无渗漏油现象。

2. 主电机

投入运行前应对主电机进行检查并确保符合其运行条件。主要检查内容和要求如下。

(1) 电机启动前应测量定子和转子回路的绝缘电阻值。电机定子回路绝缘电阻，可包括联结在电机定子回路上不能用隔离开关断开的各种电气设备。常温下，采用 2 500 V 兆欧表测量绝缘电阻值和吸收比，定子绕组绝缘电阻值不得小于 10 MΩ，吸收比不得小于 1.3，如不满足要求，应进行极化指数测量，其值应不小于 1.5。采用 500 V 或 1 000 V 摇表测量转子绕组绝缘电阻，不得小于 0.5 MΩ。实测数据和上一次比较应相差不大，如不符合要求应进行清扫和干燥处理。

(2) 检查电机进出线应连接牢固、可靠，无短接线和接地线。

(3) 集电环及碳刷符合要求。

(4) 油缸油位、油色和技术供水正常。

(5) 液压减载装置工作正常。

(6) 保护装置工作正常。

(7) 10 kV 电压应在额定电压的 95%～110%(9.5～11 kV)范围内。

电机启动前应检查相关设备，短接线和接地线应拆除，电机转动部件和空气间隙内应无遗留杂物，电机各部分或附近无人工作，油缸油位正常，技术供水正常(供水压力在 0.15～0.25 MPa)，起动前的各种试验(开关分合、连锁动作等)符合技术要求，制动器已经落下且有一定间隙。

3. 辅助设备

(1) 油、气系统中的安全装置、自动装置及压力继电器等应数据准确、监测正常、动作可靠。

(2) 用于水泵叶片调节、液压减载、油压启闭机等装置的压力油系统和用于润滑轴承的润滑油系统,应满足以下技术要求:

①压力油和润滑油油温、油压、油位等满足使用要求;

②油系统的容器、油管保持畅通和良好的密封,无漏油、渗油现象;

③储能罐压力在 0.19～0.25 MPa,油气比例在 1∶2,油泵能够正常启动;

④液压减载运行压力控制在 0.25～0.40 MPa。

(3) 压缩空气系统及其安全装置、继电器和各种表计等应可靠,围带充、排气阀工作正常。

(4) 主机组冷却用水采用冷水机组供水,应符合以下要求:

①冷水机组工作正常;

②供水管路畅通,流量计和示流装置良好;

③供水的水质、水温、水量和水压等满足运行要求,压力不小于 0.15 MPa;

④控制装置工作正常、可靠;

⑤3 台管道泵工作可靠,可轮换运行。

(5) 主机组水封用润滑水采用深井泵供水,应符合以下要求:

①供水管路畅通;

②管道滤清器工作良好。

4. 金属结构

(1) 皂河站采用快速闸门断流,在主机组启动前应全面检查快速闸门的控制系统,确认快速闸门能按规定的程序启闭。运行中,闸门应保持在全开状态,应注意闸门是否在正确位置,闸门下滑超过限值(0.5 m)时能否自动提升。

(2) 拦污栅、清污机的运行检查要求:

①拦污栅(水上部分)检查无严重锈蚀、变形和栅条缺失;

②清污机及传输装置工作正常;

③拦污栅前后水位差不超过 0.3 m,大于 0.3 m 时,应启动清污机。

5. 变配电设备

变配电设备正常投入运行,值班人员正常巡视。

7.2.3 试运行组织

1. 试运行验收组

皂河站 2 号机组修后试运行验收工作由处工管科负责主持,验收组由省骆运工程管理处领导、处工管科、皂河站、江苏省水利建设工程有限公司(省水建)等单位、部门组成,负责试运行验收工作。

2. 试运行工作组

试运行工作领导小组由省水建、皂河站相关人员组成，下设机电设备组、运行工作组、检修工作组、档案资料组 4 个专业小组。

(1) 机电设备组人员，在试运行前检查所有的管路闸阀已安装到位，并将工作状态复归到修前状态；检查并确认机组各位置无遗落的零件、工器具等。

(2) 运行工作组人员，在开机前做好机组绝缘、电机空气间隙、电机接线桩头、碳刷等重要部位的复查工作，主辅机各项操作严格执行操作票，试运行过程中加强巡查，并做好运行记录。

(3) 检修工作组人员，负责试运行期间站内供电、辅机运行问题的检修处理工作。

(4) 档案资料组人员，在试运行中要做好各种数据的检测、记录工作，保障记录要数据完整、准确真实。试运行记录每 30 分钟记录一次，特殊情况应增加记录次数。

试运行工作领导小组人员，在试运行结束后要将预试运行巡查检测记录数据整理汇总，形成试运行工作报告后提交试运行验收组审查。

7.2.4　开停机操作

1. 主机开机操作(根据皂河站开机操作票执行，已操作项应再进行复查确认)

(1) 送主机直流控制、保护、信号电源，检查主机定转子绝缘和吸收比是否符合要求。

注：检查定、转子空气间隙内应无异物，加热装置应停止加热，检查制动装置应与转子分离。

(2) 检查 10 kV 电压互感器柜 1101 手车是否在工作位，10 kV 三相电压是否正常。

(3) 检查低压柜 0.4 kV 电压是否正常，3# 低压柜和 10# 低压柜母联开关工作情况。

(4) 送压油泵电源，压油泵开关放在自动位置，储能罐压力在 1.9～2.5 MPa。

(5) 启动循环泵，打开轴瓦冷却器，确保供水压力在 0.15～0.30 MPa，轴瓦冷却器设定温度和水温在 26℃或以下，机组瓦温、油温等适中、稳定，否则适当调整循环泵、轴瓦冷却器运行台数。

(6) 检查 2 号机空气冷却器、上油缸、下油缸、水导油缸冷却水压力在 0.2 MPa 左右。

(7) 2 号空气围带放气，关充气阀，2 号主泵水封投入。

(8) 调节 2 号主泵叶片角度在－16°。

注：可以在上位机、现场控制屏、授油器本体对叶片角度进行调节。

(9) 0.4 kV 低压柜 2 号励磁控制开关置“远方”位，合 2 号励磁屏交直流电源，励磁变压器投入运行。

(10) 2 号励磁屏状态置“调试”位，手动投励通过励磁调节开关“增磁”和“减磁”之后灭磁，励磁状态置“工作”位。

(11) 2 号主机液压减载投入，检测油压不低于 3.5 MPa。

(12) 开启 3 号、4 号备用闸门。

(13) 连接 2 号主机励磁跳闸压板、微机保护跳闸压板。

(14) 将 10 kV 2 号主机 114 开关手车摇至工作位。

(15) 合 10 kV 2 号主机 114 开关。

(16) 当 2 号主机进入同步后，检查 3 号、4 号工作闸门是否正常联动提升。

(17) 2 号液压减载泵退出运行。

(18) 调整主机叶片角度，使机组流量满足调度流量，调整主机功率因数(励磁电流不超过 443 A)。

2. 主机停机操作(根据皂河站停机操作票执行，已操作项应再进行复查确认)

(1) 调节 2 号主泵叶片角度－16°。

(2) 分 2 号主机 10 kV 114 开关，检查 3 号 4 号快速工作闸门是否正常与主机开关联动下落，并降至全关位。

(3) 检查 2 号主机励磁装置灭磁情况，分 2 号励磁变进线开关。

(4) 2 号主机停转后，立即对空气围带充气，气压保持在 0.15～0.25 MPa。

(5) 关闭 2 号主机水封闸阀。

(6) 将 2 号主机 10 kV 114 开关手车摇至试验位。

7.2.5 试运行情况

3 月 27 日，皂河站 2 号机组于 11 点 10 分开始带负荷试运行，13 时 40 分停机，15 时再次开机带负荷运行，至 3 月 28 日 14 时 50 分结束，累计运行 26 时 20 分。

期间叶片角度调整在－16°运行了 1 小时，在－14°运行了 1 小时 30 分钟，在－11°运行了 23 小时 50 分钟。

运行过程中测定的机组主要参数如下。

电机上机架水平方向振幅最大为 13 μm，垂直方向振幅最大为 13 μm；下机架水平方向振幅最大为 6 μm，垂直方向振幅最大为 7 μm；水泵水平方向振幅最大为 9 μm。

电机层噪音最大值为 80 dB,联轴层噪音最大值为 84 dB,水泵顶盖处噪音最大值为 84 dB。

定子电流最大值为 167 A,此时机组叶片角度为－11°,有功功率为 2 529 kW,扬程为 4.64 m。

励磁电流最大值为 328 A,此时机组叶片角度为－11°,有功功率为 2 513 kW,扬程为 4.64 m。

机组有功功率最大值为 2 736 kW,此时机组叶片角度为－11°,扬程为 4.64 m。

当机组在叶片角度－11°,扬程 4.64 m 左右的情况下,运行 3 小时,各项温度趋于平稳。

空冷器回水温度最高为 25℃,下油缸回水温度最高为 26℃,上油缸回水温度最高为 24.5℃,水导油缸回水温度最高为 25℃,回水母管温度最高为 27.5℃。

上油缸油温最高为 37℃,下油缸油温最高为 40℃,上导瓦温度最高为 40℃,下导瓦温度最高为 42℃,推力瓦温度最高为 47℃,水导轴承温度最高为 38℃。

电机定子线圈温度最高为 54℃,绕组温度最高为 61℃,铁芯温度最高为 62℃,空冷器冷风温度最高为 53℃,励磁变铁芯温度最高为 67℃。

试运行结论：

主机组运行平稳,叶片调节灵活可靠,主要水力参数、电气参数和各部位温升(度)、振动、噪声等符合规范和设备技术文件的规定。

7.3　交接验收

机组大修结束且试运行正常后,需进行大修交接验收。大修机组经验收合格,方可投入正常运行。交接验收工作程序可参照《泵站设备安装及验收规范》(SL 317—2015)有关要求进行。

交接验收的主要内容：

(1) 检查大修项目是否按要求全部完成;

(2) 审查大修报告、试验报告和试运行情况,大修报告格式和内容应符合规范(可加附件)要求。

(3) 进行机组大修质量鉴定,并对检修缺陷提出处理要求;

(4) 审查机组是否已具备安全运行条件;

(5) 对验收遗留问题提出处理意见;

(6) 机组移交。

附件 A　大修相关资料

A. 1. 1　大修报告封面

表 A. 1　大修报告封面

江苏省皂河抽水站 第__2__号主机组大修报告 **管理单位__江苏省皂河抽水站__** **检修单位__江苏省水利建设工程有限公司__** **编制单位__江苏省皂河抽水站__** **审　　核__＊＊＊__** **主　　管__＊＊＊__** 江苏省骆运水利工程管理处 __2023__年__3__月

A. 1. 2　大修报告内容目录

表 A. 2　大修报告内容目录

主机组大修报告 目　录 一、机组基本情况 二、机组检修组织情况 三、机组解体资料 四、机组安装资料 五、试运行情况 六、大修总结 七、竣工验收资料

A.1.3 机组基本情况

表 A.3 机组基本情况

<table>
<tr><td colspan="2" rowspan="2">电机</td><td>型号</td><td colspan="4">TL7000－80/7400</td></tr>
<tr><td>厂家</td><td>原厂家：上海电机厂
改造厂家：湖北华博阳光电机有限公司</td><td colspan="2">编号</td><td>11 138</td></tr>
<tr><td colspan="2" rowspan="2">水泵</td><td>型号</td><td colspan="4">6HL－70</td></tr>
<tr><td>厂家</td><td>原厂家：上海水泵厂
改造厂家：江苏航天水力设备有限公司</td><td colspan="2">编号</td><td></td></tr>
<tr><td colspan="3">出厂日期</td><td>电机：1979.12(改造后 2011.5)
水泵：1983.3(改造后 2011.3)</td><td colspan="2">投运日期</td><td>改造前：1986.4
改造后：2011.5</td></tr>
<tr><td rowspan="4">运行情况</td><td>总运行台时</td><td>34 794</td><td rowspan="4">大修情况</td><td colspan="2">首次大修日期</td><td>2010.10</td></tr>
<tr><td>本期运行台时</td><td>12 890</td><td colspan="2">上次大修日期</td><td>2010.10</td></tr>
<tr><td>主要故障次数</td><td>2</td><td rowspan="2">本次大修日期</td><td>开工</td><td>2022.10</td></tr>
<tr><td>总大修(含改造)次数</td><td>2</td><td>竣工</td><td>2023.03</td></tr>
</table>

本期运行情况概述：

皂河抽水站自 1988 年建成以来已投入运行 34 年多，其中 2 号机组于 2010 年第一次维修结束至 2022 年 10 月运行约 12 890 台时。

本次检修缘由：

2 号主机组存在如下问题：

1. 主水泵受油器内泄漏严重；
2. 主电机下油缸渗漏油较为严重；
3. 主水泵动静环密封漏水量超标；
4. 空气围带老化；
5. 水泵叶片自动调节电机和传动装置故障等问题。

江苏省骆运水利工程管理处根据《泵站技术管理规程》(GB/T 30948—2021)中主水泵、主电机大修周期的相关要求，明确该机组已超过大修周期，骆运管理处决定对 2 号机组实施大修，由江苏省水利建设工程有限公司负责实施江苏省皂河抽水站 2 号机组大修项目。

A. 1. 4　机组检修组织情况

表 A. 4　机组检修组织情况

1. 检修领导小组：* * *

组长：* *

副组长：* *

安全员：* *

---

2. 检修班：* *

机务班长：* *　　　　副班长：* *

班员：* *

电气班长：* *　　　　副班长：* *

班员：* *

材料员：* *　　　　资料员：* *

---

3. 验收组：* *

组长：* *

组员：* *

---

4. 其他人员：* * * *

A.1.5 机组解体原始测量记录内容

A.5 电机磁场中心原始测量记录

测量单位:mm

部位	测点				
	1	2	3	4	平均值
定子上平面至转子磁轭上平面相对高差	5.5	3.7	5.0	5.5	4.9

A.6 电机空气间隙原始记录

测量单位:mm

磁极编号	1	2	3	4	5	6	7	8	9	10	11	12
间　隙	8.38	8.38	8.43	8.39	8.38	8.35	8.10	8.10	8.05	8.00	8.10	8.10
磁极编号	13	14	15	16	17	18	19	20	21	22	23	24
间　隙	8.02	8.03	7.78	7.34	7.53	7.50	7.49	7.34	7.30	7.30	7.34	7.40
磁极编号	25	26	27	28	29	30	31	32	33	34	35	36
间　隙	7.53	7.48	7.48	7.32	7.32	7.32	7.48	7.48	7.48	7.53	7.78	8.18
磁极编号	37	38	39	40	41	42	43	44	45	46	47	48
间　隙	7.34	7.38	7.82	7.88	8.15	7.95	7.85	7.75	7.75	7.75	8.10	7.95
磁极编号	49	50	51	52	53	54	55	56	57	58	59	60
间　隙	7.90	7.95	7.65	7.60	7.70	7.90	8.55	8.45	8.30	8.20	8.25	8.20
磁极编号	61	62	63	64	65	66	67	68	69	70	71	72
间　隙	8.28	8.12	8.06	7.94	7.92	7.86	7.92	8.00	8.02	7.80	7.70	7.72
磁极编号	73	74	75	76	77	78	79	80				
间　隙	7.66	7.73	7.62	7.72	7.74	7.82	7.82	7.82				

A.7 水泵叶片与叶轮室径向间隙原始记录

测量单位:mm

方位编号	叶片编号											
	1			2			3			4		
	上部	中部	下部	上部	中部	下部	上部	中部	下部	上部	中部	下部
1	5.15	4.75	5.00	5.35	5.25	5.30	5.30	5.20	5.25	5.20	5.15	5.15
2	4.80	5.05	5.05	5.30	5.20	5.25	4.95	5.10	5.15	4.90	5.25	5.40
3	5.35	4.70	5.00	5.75	5.00	5.30	5.55	4.95	5.20	5.25	5.10	5.30
4	5.00	4.60	4.65	5.30	4.90	5.05	4.85	4.65	4.85	4.85	4.75	4.90

A.8　机组垂直同轴度原始测量记录

测量单位：mm

部位	方　位					
	南	北	差值	东	西	差值
定子铁芯上部	4.72	4.56	+0.16	3.77	3.96	−0.19
定子铁芯下部	5.08	4.86	+0.22	4.22	4.40	−0.18
上下差值	−0.36	−0.30	−0.06	−0.45	−0.44	−0.01
水泵导轴承承插口止口	4.35	4.30	+0.05	4.31	4.34	−0.03

A.9　机组轴线摆度原始记录

测量单位：mm

测量部位		测量序号							
		1	2	3	4	5	6	7	8
百分表读数	电机上导轴承轴颈	0.00	−0.01	−0.07	−0.08	−0.045	−0.02	0.00	+0.01
	电机下导轴承轴颈	0.00	+0.015	+0.01	0.00	−0.01	+0.02	+0.015	+0.01
	水泵导轴承轴颈	0.00	+0.03	+0.09	+0.085	+0.06	+0.02	−0.02	−0.04
相对点读数差		1—5		2—6		3—7		4—8	
全摆度	电机上导轴承轴颈	+0.045		+0.01		−0.07		−0.09	
	电机下导轴承轴颈	+0.01		−0.005		−0.005		−0.01	
	水泵导轴承轴颈	−0.06		+0.01		+0.11		+0.125	
净摆度	电机下导轴承轴颈	+0.035		+0.015		−0.065		−0.08	
	水泵导轴承轴颈	−0.07		+0.015		+0.115		+0.135	

A.10　机组轴线垂直度原始记录

测量单位：mm/m

部位	东	西	东西差	南	北	南北差
数值	+0.01	−0.00	+0.01	+0.01	+0.005	+0.005

A.11　机组轴线中心原始记录

测量单位：mm

部位	东	西	东西差	南	北	南北差
数值	+0.15	0	+0.15	+0.16	−0.18	+0.34

A. 1. 6　机组安装测量记录内容

A. 12　机组垂直同轴度测量记录

测量单位:mm

部位	方位					
	南	北	差值	东	西	差值
定子铁芯上部	4. 72	4. 56	+0. 16	3. 77	3. 96	−0. 19
定子铁芯下部	5. 08	4. 86	+0. 22	4. 22	4. 40	−0. 18
上下差值	−0. 36	−0. 30	−0. 06	−0. 45	−0. 44	−0. 01
水泵导轴承承插口止口	4. 35	4. 30	+0. 05	4. 31	4. 34	−0. 03

A. 13　机组轴线摆度测量记录

测量单位:mm

测量部位		测量序号							
		1	2	3	4	5	6	7	8
百分表读数	电机上导轴承轴颈	0. 00	−0. 01	−0. 07	−0. 08	−0. 045	−0. 02	0. 00	+0. 01
	电机下导轴承轴颈	0. 00	+0. 015	+0. 01	0. 00	−0. 01	+0. 02	+0. 015	+0. 01
	水泵导轴承轴颈	0. 00	+0. 03	+0. 09	+0. 085	+0. 06	+0. 02	−0. 02	−0. 04
相对点读数差		1—5		2—6		3—7		4—8	
全摆度	电机上导轴承轴颈	+0. 045		+0. 01		−0. 07		−0. 09	
	电机下导轴承轴颈	+0. 01		−0. 005		−0. 005		−0. 01	
	水泵导轴承轴颈	−0. 06		+0. 01		+0. 11		+0. 125	
净摆度	电机下导轴承轴颈	+0. 035		+0. 015		−0. 065		−0. 08	
	水泵导轴承轴颈	−0. 07		+0. 015		+0. 115		+0. 135	

A. 14　电机磁场中心测量记录

测量单位:mm

部　位	测　　点				
	1	2	3	4	平均值
定子上平面至转子磁轭上平面相对高差	5. 5	4. 2	3. 1	4. 0	4. 2

A. 15　机组轴线垂直度测量记录

测量单位:mm/m

部位	东	西	东西差	南	北	南北差
数值	+0. 03	+0. 04	−0. 01	0. 02	0. 04	−0. 02

A. 16　机组轴线中心测量记录

测量单位：mm

部位	东	西	东西差	南	北	南北差
数值	+0.03	0	+0.03	+0.02	+0.02	0.00

A. 17　机组轴瓦间隙测量记录

测量单位：mm

<table>
<tr><td rowspan="2">部位</td><td colspan="8">方位</td></tr>
<tr><td>1</td><td>2</td><td>3</td><td>4</td><td>5</td><td>6</td><td>7</td><td>8</td></tr>
<tr><td>电机上导轴承</td><td>0.08</td><td>0.09</td><td>0.13</td><td>0.14</td><td>0.12</td><td>0.11</td><td>0.07</td><td>0.06</td></tr>
<tr><td>电机下导轴承</td><td>0.10</td><td>0.10</td><td>0.10</td><td>0.10</td><td>0.10</td><td>0.10</td><td>0.10</td><td>0.10</td></tr>
<tr><td>部位</td><td colspan="2">东</td><td colspan="2">南</td><td colspan="2">西</td><td colspan="2">北</td></tr>
<tr><td>水泵上导轴承</td><td colspan="2">0.30</td><td colspan="2">0.25</td><td colspan="2">0.10</td><td colspan="2">0.10</td></tr>
<tr><td>水泵下导轴承</td><td colspan="2">0.10</td><td colspan="2">0.10</td><td colspan="2">0.15</td><td colspan="2">0.35</td></tr>
</table>

A. 18　电机空气间隙测量记录

测量单位：mm(增)

磁极编号	1	2	3	4	5	6	7	8	9	10	11	12
间　隙	8.40	8.40	8.45	8.40	8.40	8.35	8.10	8.10	8.05	8.00	8.10	8.10
磁极编号	13	14	15	16	17	18	19	20	21	22	23	24
间　隙	8.00	8.00	7.80	7.35	7.55	7.50	7.50	7.35	7.30	7.30	7.35	7.40
磁极编号	25	26	27	28	29	30	31	32	33	34	35	36
间　隙	7.55	7.50	7.50	7.35	7.30	7.30	7.50	7.50	7.50	7.55	7.80	8.20
磁极编号	37	38	39	40	41	42	43	44	45	46	47	48
间　隙	7.35	7.40	7.85	8.00	8.15	7.95	7.85	7.75	7.75	7.75	8.10	7.95
磁极编号	49	50	51	52	53	54	55	56	57	58	59	60
间　隙	7.90	7.95	7.65	7.60	7.70	7.90	8.55	8.45	8.30	8.20	8.25	8.20
磁极编号	61	62	63	64	65	66	67	68	69	70	71	72
间　隙	8.30	8.10	8.05	7.95	7.90	7.85	7.90	8.00	8.00	7.80	7.70	7.70
磁极编号	73	74	75	76	77	78	79	80				
间　隙	7.65	7.75	7.65	7.70	7.75	7.80	7.85	7.80				

A.19 水泵叶片与叶轮外壳径向间隙测量记录

测量单位:mm

方位编号	叶片编号											
	1			2			3			4		
	上部	中部	下部	上部	中部	下部	上部	中部	下部	上部	中部	下部
1	5.15	4.75	5.00	5.35	5.25	5.30	5.30	5.20	5.25	5.20	5.15	5.15
2	4.80	5.05	5.05	5.30	5.20	5.25	4.95	5.10	5.15	4.90	5.25	5.40
3	5.35	4.70	5.00	5.75	5.00	5.30	5.55	4.95	5.20	5.25	5.10	5.30
4	5.00	4.60	4.65	5.30	4.90	5.05	4.85	4.65	4.80	4.85	4.75	4.90

A.1.7 电气试验

A.1.7.1 电气试验记录

A.20 直流电阻测定(Ω)

2023 年 3 月 24 日 天气:晴 温度:18℃ 湿度:48%

相别	A 相	B 相	C 相	转子
实测阻值	217.00	217.20	217.10	
误差	$\frac{R_{max}-R_{min}}{R_{min}}=0.09\%$			

A.21 绝缘电阻测量(MΩ)

2023 年 3 月 24 日 天气:晴 温度:18℃ 湿度:48%

相别		A—B、C 地	B—C、A 地	C—A、B 地	转子
耐压前	R15″/R60″	1506/4760	1408/4420	1351/4160	2130
	吸收比	3.16	3.14	3.08	
耐压后	R15″/R60″	907/2930	910/3020	915/3110	2010
	吸收比	3.23	3.32	3.40	

A.22 直流泄漏及直流耐压(μA)

2023 年 3 月 24 日 天气:晴 温度:18℃ 湿度:48%

电压		0.5U_e	1.0U_e	1.5U_e	2.0U_e	2.5U_e
时间		60 s	60 s	60 s	60 s	60 s
相别	A—B、C 地	0.0	2.0	4.0	5.0	10.0
	B—C、A 地	0.0	1.0	7.0	1.0	7.0
	C—A、B 地	0.0	3.0	1.0	2.0	7.0

A.23　交流耐压

2023 年 3 月 24 日　天气:晴　温度:18℃　湿度:48%

相　别	A 相	B 相	C 相	时间(min)
试验电压(kV)	16	16	16	1

A.1.7.2　电气试验结论

A.24　电气试验结论

合格

A.1.8　试运行情况记录

A.25　开停机记录

序号	操作方式	日期时间	运行工况	叶片角度	上游水位	下游水位	发令人	操作人	监护人
1	现场操作	3 月 27 日 11:10	开机	−16°	23.18	18.50			
2	现场操作	3 月 27 日 13:40	停机	−14°	23.17	18.51			
3	现场操作	3 月 27 日 15:00	开机	−16°	23.17	18.45			
4	现场操作	3 月 27 日 20:30	停机	−11°	23.18	18.54			

A.26　2 号机组试运行主机组运行参数记录表

时间	上游水位(m)	下游水位(m)	定子电流(A)	电压(kV)	励磁电流(A)	励磁电压(V)	有功功率(kW)	无功功率(kVar)	功率因数(cosΦ)	叶片角度(°)	流量(m^3/s)
11:10	23.18	18.50	114	10.56	317	115.69	1 737	1 198	0.82	−16	30
11:40	23.17	18.45	116	10.56	321	127.70	1 786	1 202	0.83	−14	40
12:10	23.17	18.45	116	10.56	325	128	1 786	1 202	0.83	−14	40
12:40	23.18	18.45	116	10.56	325	128	1 786	1 202	0.83	−14	40
13:10	23.18	18.51	127	10.56	324	130	2 089	1 070	0.89	−16	30
13:40	23.17	18.51	128	10.56	325	131	2 077	1 066	0.89	−14	40

续表

时间	上游水位（m）	下游水位（m）	定子电流（A）	电压（kV）	励磁电流（A）	励磁电压（V）	有功功率（kW）	无功功率（kVar）	功率因数（cosΦ）	叶片角度（°）	流量（m^3/s）
15:00	23.17	18.45	163	10.49	324	138	2 497	1 069	0.91	−11	70
15:30	23.17	18.52	162	10.48	325	135	2 504	1 075	0.91	−11	70
16:00	23.17	18.54	161	10.48	327	132	2 736	1 221	0.92	−11	70
16:30	23.17	18.54	163	10.47	323	135	2 507	1 062	0.91	−11	70
17:00	23.17	18.54	155	10.49	322	133	2 499	1 071	0.92	−11	70
17:30	23.17	18.54	164	10.47	328	136	2 513	1 070	0.92	−11	70
18:00	23.17	18.54	163	10.49	324	135	2 736	1 235	0.91	−11	70
18:30	23.17	18.54	163	10.48	324	135	2 507	1 062	0.92	−11	70
19:00	23.17	18.54	164	10.47	324	134	2 522	1 061	0.92	−11	70
19:30	23.18	18.54	164	10.47	321	136	2 536	1 063	0.92	−11	70
20:00	23.18	18.54	167	10.47	325	135	2 529	1 072	0.92	−11	70
20:30	23.18	18.54	163	10.46	323	137	2 535	1 071	0.92	−11	70

表 A.27　试运行情况及参加试运行人员

试运行情况： 主电机运行时定子电流、有功功率等各种电气参数正常，轴承等温度正常，符合技术规范要求。主机泵运行平稳，叶片调节灵活可靠，水泵电机振动值及噪音值均符合规程要求。 参加试运行人员： * * * *

A.1.9 大修总结

A.28 大修总结

一、大修过程简述：

本工程自2022年10月1日开工，于2022年11月6日完成了机组拆除工作；于2022年12月31日完成了拆除后设备维修及清理工作；2023年2月8日返厂设备(叶轮部件、转叶油缸)到工；2023年2月9日进入安装阶段，并于2023年3月10日完成了机组安装工作。

二、消除设备重大缺陷及采取的主要措施：

①主水泵受油器漏油严重，更换了新的轴套，并在安装过程中精调受油器内、外操作油管摆度值，确保轴套与受油器内、外操作油管配合间隙满足设计及规范要求，从而减少受油器漏油量。

②主电机下油缸渗漏油较为严重，对相关组合面进行清理锉平，更换老化的橡胶密封件，使用HZ－1213耐油硅酮密封胶涂于组合面处，均匀紧固螺栓，渗漏试验未发现渗漏。

③主水泵动静环漏水较大，更换了静环弹簧及受损螺栓，清理泵轴密封部件，使动环静环接触满足规范及设计要求。

④空气围带老化漏气，更换了新的空气围带。

⑤将转叶油缸返厂维修，更换密封元件，叶轮部件组装完成后，进行叶片动作试验，叶片动作正常。

⑥下机架顶车装置无法工作，对顶车装置解体检查，发现油封老化、损坏严重；更换了所有油封，经试验，顶车装置可以正常工作。

⑦复核垂直同轴度、摆度。

⑧更换密封件。

三、设备的重要改进及效果：

上油缸冷却器改造：因上油缸冷却器铜管为易损件，且更换程序较复杂，为保证机组的正常运行，将冷却器原“口”形闷盖改造为“日”形闷盖，“一进一出”管路系统改为“双进双出”管路系统，将冷却器分隔为上、下两套独立的系统，在一套系统出现异常后，只需关闭对应系统闸阀，另一系统仍可继续工作，保证机组的正常运行。

四、大修费用情况简要说明：

主电机大修费用104万元、主水泵大修费用171万元、叶轮头及叶片密封件更换(耐压试验)以及叶调机构返厂维修等费用85万元。

五、大修后尚存在的主要问题及准备采取的措施：

无

六、其他说明：

无

A.1.10　竣工验收资料

A.1.10.1　大修验收卡内容及格式

表 A.29　大修验收卡

<table>
<tr><td colspan="2">工程项目</td><td colspan="4"></td><td>批准文号</td><td colspan="3"></td></tr>
<tr><td colspan="2">施工部位</td><td colspan="4"></td><td>批准经费</td><td colspan="3"></td></tr>
<tr><td colspan="2">批准工程量</td><td colspan="4"></td><td>施工单位</td><td colspan="3"></td></tr>
<tr><td colspan="2">开工时间</td><td></td><td colspan="2">竣工时间</td><td></td><td>工期</td><td colspan="3"></td></tr>
<tr><td colspan="2" rowspan="2">完成经费</td><td rowspan="2"></td><td rowspan="2">其中</td><td>人工费</td><td>材料费</td><td>机械费</td><td>管理费</td><td colspan="2">其他</td></tr>
<tr><td></td><td></td><td></td><td></td><td colspan="2"></td></tr>
<tr><td colspan="2">完成工程量</td><td colspan="8"></td></tr>
<tr><td rowspan="11">实际使用人工及工种</td><td>工种</td><td>工日</td><td>金额</td><td rowspan="18">实际使用主要材料和设备</td><td>名称</td><td>规格</td><td>单位</td><td>数量</td><td>金额</td></tr>
<tr><td>经理</td><td></td><td></td><td>专用工具</td><td></td><td>项</td><td></td><td></td></tr>
<tr><td>副经理</td><td></td><td></td><td>空气围带</td><td></td><td>项</td><td></td><td></td></tr>
<tr><td>质检员</td><td></td><td></td><td>动静环</td><td></td><td>项</td><td></td><td></td></tr>
<tr><td>安全员</td><td></td><td></td><td>测温电阻</td><td></td><td>项</td><td></td><td></td></tr>
<tr><td>机械安装工</td><td></td><td></td><td>叶片密封件等</td><td></td><td>项</td><td></td><td></td></tr>
<tr><td>电气安装工</td><td></td><td></td><td></td><td></td><td></td><td></td><td></td></tr>
<tr><td>起重工</td><td></td><td></td><td></td><td></td><td></td><td></td><td></td></tr>
<tr><td>电焊工</td><td></td><td></td><td></td><td></td><td></td><td></td><td></td></tr>
<tr><td>普工</td><td></td><td></td><td></td><td></td><td></td><td></td><td></td></tr>
<tr><td>其他管理人员</td><td></td><td></td><td></td><td></td><td></td><td></td><td></td></tr>
<tr><td rowspan="7">实际使用机械</td><td>名称</td><td></td><td></td><td></td><td></td><td></td><td></td><td></td></tr>
<tr><td>行车</td><td></td><td></td><td></td><td></td><td></td><td></td><td></td></tr>
<tr><td>卡车</td><td></td><td></td><td></td><td></td><td></td><td></td><td></td></tr>
<tr><td>吊车</td><td></td><td></td><td></td><td></td><td></td><td></td><td></td></tr>
<tr><td></td><td></td><td></td><td></td><td></td><td></td><td></td><td></td></tr>
<tr><td></td><td></td><td></td><td></td><td></td><td></td><td></td><td></td></tr>
<tr><td></td><td></td><td></td><td></td><td></td><td></td><td></td><td></td></tr>
</table>

A.1.10.2 大修验收鉴定意见内容

表 A.30 大修验收鉴定意见

(1) 检修情况及存在问题： 所有拆除部件的结合面进行除锈清洗维护保养。 受油器部件进行解体检查和维修清洗保养。 电机空气冷却器进行解体检查，疏通、清洗冷却管路。组装后按质量标准进行水压试验检查，试验压力 0.3 MPa，60 min 无渗漏。 叶轮部件叶片动作试验，试验压力 0.5 MPa，叶片全行程调整 1～2 次，组合面无渗漏。 叶轮室进行汽蚀处理。汽蚀处理前对叶轮室表面做全面的清理处理。首先用磨光机进行打磨清理，然后对汽蚀部位做修平处理。汽蚀修补方案采用焊接方法。根据叶轮外壳浇铸材料为 ZG25，选用 E310 焊条(牌号 A402)或 E310cb 焊条(牌号 E407)。 按质量标准完成主电机的导轴瓦、推力瓦等轴承部件的研刮工作，轴瓦研刮后瓦面局部不接触面积不大于导轴瓦面积的 5%，总和不大于总面积的 15%，导轴瓦的接触点不少于 1 个/cm^2。用 500 V 摇表测量每块导轴瓦与瓦背、镜板与推力头、推力瓦与上机架、每只测温元件的绝缘，导轴瓦与瓦背间的绝缘电阻值大于 50 MΩ，镜板与推力头间的绝缘电阻值大于 40 MΩ，推力瓦与上机架间的绝缘电阻值充油前大于 5 MΩ，充油后大于 0.5 MΩ，各测温元件的绝缘电阻值大于 0.5 MΩ。
(2) 大修质量自评意见： 本项目按照省厅、管理处批复要求，严格把控工程质量管理；机组拆除、检修、安装过程中严格依据规程规范，经查验，安装数据、主要设备的安装质量满足有关规程规范的规定；工程施工质量合格；经机组试运行，2 号机组各项参数符合规范要求。
(3) 大修验收意见： 皂河站 2 号主机组大修完成了主电机、主水泵的拆除，主机组部件的检查维修以及主机组各部件的安装工作，完成了机组水平、摆度、空气间隙、叶片间隙、磁场中心、垂直同轴度等测量和调整安装工作；经试运行，2 号机组各项参数符合规范要求，质量合格，同意通过验收。
(4) 验收单位及人员签名：

附录 B　试运行记录

2 号机组试运行振动、噪声测试记录

时间	机组功率 (kW)	上游水位 (m)	下游水位 (m)	振动(μm)					噪声(dB)		备注
				电机上机架		电机下机架		水泵			
				水平	垂直	水平	垂直	水平	电机层	联轴层	
11:10	1 761	23.18	18.50	7	13	4	13	5	78	82	
11:40	1 736	23.17	18.45	11	12	5	6	9	74	80	
12:10	1 786	23.17	18.45	10	11	5	7	8	75	81	
12:40	1 810	23.18	18.45	11	12	6	6	9	77	79	
13:10	1 792	23.18	18.51	13	12	4	5	7	75	82	
13:40	1 793	23.17	18.51	12	12	5	6	8	76	81	

审核：魏伟　　　　测试：徐川江　　　　记录：孙宇

2 号机组试运行振动、噪声测试记录

时间	机组功率(kW)	上游水位(m)	下游水位(m)	振动(μm)					噪声(dB)		备注
				电机上机架		电机下机架		联轴器			
				水平	垂直	水平	垂直	水平	电机层	联轴层	
15:00	2 497	23.17	18.45	6	9	5	6	8	76	80	
15:30	2 504	23.17	18.52	4	9	6	7	9	77	82	
16:00	2 736	23.17	18.54	5	8	4	6	7	73	77	
16:30	2 507	23.17	18.54	8	6	4	5	6	78	75	
17:00	2 499	23.17	18.54	5	6	5	7	6	75	79	
17:30	2 513	23.17	18.54	7	8	5	7	7	79	80	
18:00	2 736	23.17	18.54	6	7	6	6	6	74	73	
18:30	2 507	23.17	18.54	6	7	4	6	7	72	75	
19:00	2 522	23.17	18.54	4	7	4	4	7	72	71	
19:30	2 536	23.18	18.54	5	8	5	5	8	73	70	
20:00	2 529	23.18	18.54	5	9	6	5	8	75	73	
20:30	2 535	23.18	18.54	5	9	6	7	8	76	74	

审核：魏伟　　测试：徐川江　　记录：孙宇

2 号机组试运行主机组运行参数记录表

时间	上游水位（m）	下游水位（m）	定子电流（A）	电压（kV）	励磁电流（A）	励磁电压（V）	有功功率（kW）	无功功率（kVar）	功率因数（cosΦ）	叶片角度（°）	流量（m^3/s）
11:10	23.18	18.50	114	10.56	317	115.59	1 737	1 198	0.82	−16	30
11:40	23.17	18.45	116	10.56	321	127.70	1 786	1 202	0.83	−14	40
12:10	23.17	18.45	116	10.56	325	128	1 786	1 202	0.83	−14	40
12:40	23.18	18.45	116	10.56	325	128	1 786	1 202	0.83	−14	40
13:10	23.18	18.51	127	10.56	324	130	2 089	1 070	0.89	−16	30
13:40	23.17	18.51	128	10.56	325	131	2 077	1 066	0.89	−14	40

审核：魏伟　　　　测试：徐川江　　　　记录：孙宇

2 号机组试运行主机组运行参数记录表

时间	上游水位（m）	下游水位（m）	定子电流（A）	电压（kV）	励磁电流（A）	励磁电压（V）	有功功率（kW）	无功功率（kVar）	功率因数（cosΦ）	叶片角度（°）	流量（m^3/s）
15:00	23.17	18.45	163	10.49	324	138	2 497	1 069	0.91	−11	70
15:30	23.17	18.52	162	10.48	325	135	2 504	1 075	0.91	−11	70
16:00	23.17	18.54	161	10.48	327	132	2 736	1 221	0.92	−11	70
16:30	23.17	18.54	163	10.47	323	135	2 507	1 062	0.91	−11	70
17:00	23.17	18.54	155	10.49	322	133	2 499	1 071	0.92	−11	70
17:30	23.17	18.54	164	10.47	328	136	2 513	1 070	0.92	−11	70
18:00	23.17	18.54	163	10.49	324	135	2 736	1 235	0.91	−11	70
18:30	23.17	18.54	163	10.48	324	135	2 507	1 062	0.92	−11	70
19:00	23.17	18.54	164	10.47	324	134	2 522	1 061	0.92	−11	70
19:30	23.18	18.54	164	10.47	321	136	2 536	1 063	0.92	−11	70
20:00	23.18	18.54	167	10.47	325	135	2 529	1 072	0.92	−11	70
20:30	23.18	18.54	163	10.46	323	137	2 535	1 071	0.92	−11	70

审核：魏伟　　测试：徐川江　　记录：孙宇

2 号机组试运行主机组温度记录表一(℃)

时间	定子温度 A	定子温度 B	定子温度 C	环境温度	上油缸油温	下油缸油温	上导瓦温度 1	上导瓦温度 2	下导瓦温度 1	下导瓦温度 2	推力瓦温度 1	推力瓦温度 2	水导温度 1
10:45	19	19	22	18	22	22	22	22	23	23	24	24	22
11:10	21	21	23	18	23	22	22	23	24	24	27	27	23
11:40	24	24	26	18	23	22	24	24	27	27	29	31	23
12:10	24	24	26	18	23	22	24	24	27	27	29	31	23
12:40	24	24	26	18	23	22	24	24	27	27	29	31	23
13:10	33	33	27	18	32	36	33	33	37	37	42	42	27
13:40	41	41	45	18	30	26	36	36	40	40	44	45	28

审核：魏伟　　　测试：徐川江　　　记录：孙宇

2 号机组试运行主机组温度记录表一(℃)

时间	定子温度 A	定子温度 B	定子温度 C	环境温度	上油缸油温	下油缸油温	上导瓦温度 1	上导瓦温度 2	下导瓦温度 1	下导瓦温度 2	推力瓦温度 1	推力瓦温度 2	水导温度 1
15:00	42	42	46	18	30	27	36	35	38	39	44	44	27
15:30	44	44	48	18	31	28	35	36	39	39	44	44	27
16:00	45	45	49	18	31	28	36	36	40	40	45	45	27
16:30	46	46	49	18	32	29	36	37	41	40	45	45	28
17:00	46	46	50	18	32	29	37	37	41	40	45	45	28
17:30	46	46	50	18	32	29	37	37	41	40	45	45	28
18:00	51	51	55	18	34	33	38	38	42	42	47	47	30
18:30	51	51	55	18	34	33	38	39	42	42	47	47	30
19:00	51	51	55	18	34	33	38	39	42	42	47	47	30
19:30	51	51	55	18	34	33	38	39	42	42	47	47	30
20:00	51	51	55	18	34	33	38	39	42	42	47	47	30
20:30	51	51	55	18	34	33	38	39	42	42	47	47	30

审核：魏伟　　　　测试：徐川江　　　　记录：孙宇

2 号机组试运行主机组温度记录表二(℃)

时间	水导温度 1	水导温度 2	绕组温度 A	绕组温度 B	绕组温度 C	铁芯温度 1	铁芯温度 2	铁芯温度 3	空冷器冷风温度 1	空冷器冷风温度 2	空冷器热温度 2	励磁变铁芯温度
10:45	22	22	20	20	21	20	21	20	22	22	23	22
11:10	23	22	22	22	22	22	22	22	22	22	23	22
11:40	23	24	30	30	31	31	31	32	26	25	25	23
12:10	23	24	35	35	37	37	36	37	30	28	27	23
12:40	23	24	37	37	39	39	39	40	32	31	27	23
13:10	27	27	39	39	41	41	41	42	34	32	27	40
13:40	28	30	41	41	42	43	43	44	36	34	29	48

审核：魏伟　　　测试：徐川江　　　记录：孙宇

2 号机组试运行主机组温度记录表二(℃)

时间	水导温度 1	水导温度 2	绕组温度 A	绕组温度 B	绕组温度 C	铁芯温度 1	铁芯温度 2	铁芯温度 3	空冷器冷风温度 1	空冷器冷风温度 2	空冷器热温度 2	励磁变铁芯温度
15:00	27	29	43	42	44	43	45	46	37	35	28	49
15:30	27	29	44	43	45	45	46	47	38	36	29	50
16:00	27	29	45	45	47	47	48	49	40	37	30	52
16:30	28	30	47	46	49	49	49	50	41	38	31	53
17:00	28	30	48	47	50	50	50	51	42	39	31	54
17:30	28	30	49	49	51	51	52	53	44	41	32	54
18:00	30	32	49	49	52	51	51	53	44	41	32	63
18:30	30	32	51	50	52	53	52	53	45	41	32	63
19:00	30	32	51	51	53	53	53	54	45	42	32	63
19:30	30	32	51	51	53	53	53	55	47	42	33	63
20:00	30	32	51	51	55	54	54	55	47	42	33	63
20:30	30	32	53	53	55	55	55	56	47	43	33	63

审核：魏伟　　测试：徐川江　　记录：孙宇

2 号机组试运行辅机组运行参数记录表

时间	供水母管压力（MPa）	回水母管温度（℃）	空冷器回水温度（℃）	下油缸回水温度（℃）	上油缸回水温度（℃）	水导油缸回水温度（℃）	储能罐压力（MPa）	储能罐油位（cm）	回油箱油位（cm）	3# 工作门开度（mm）	4# 工作门开度（mm）	3# 备用门开度（mm）	4# 备用门开度（mm）
10:15	0.36	23.2	23	22	22	21	1.97	5	1.06	5 962	5 969	5 965	5 952
11:10	0.36	25.2	23	25	21	21	2.19	32	0.93	5 954	5 954	5 959	5 943
11:40	0.36	26.3	24	25	21	22	2.14	27	0.94	5 949	5 952	5 958	5 937
12:10	0.36	23.9	23	23	21	23	2.10	22	0.97	5 941	5 947	5 954	5 925
12:40	0.37	24.1	23	24	21	23	2.07	19	0.98	5 933	5 941	5 950	5 919
13:10	0.37	23.1	23	23	22	23	2.06	15	0.98	5 926	5 936	5 949	5 912
13:40	0.37	26.1	23	23	22	23	2.02	12	1.02	5 919	5 932	5 946	5 907

审核：魏伟　　　　测试：徐川江　　　　记录：孙宇

2 号机组试运行辅机组运行参数记录表

时间	供水母管压力（MPa）	回水母管温度（℃）	空冷器回水温度（℃）	下油缸回水温度（℃）	上油缸回水温度（℃）	水导油缸回水温度（℃）	储能罐压力（MPa）	储能罐油位（cm）	回油箱油位（cm）	3# 工作门开度（mm）	4# 工作门开度（mm）	3# 备用门开度（mm）	4# 备用门开度（mm）
15:00	0.37	23.2	24	23	21	21	1.97	5	1.06	5 958	5 944	5 965	5 942
15:30	0.37	25.3	25	24	21	22	1.95	4	1.06	5 950	5 936	5 959	5 933
16:00	0.36	27.2	23	25	21	22	2.11	25	0.97	5 945	5 927	5 956	5 928
16:30	0.37	23.9	24	26	22	23	2.06	20	0.98	5 941	5 921	5 953	5 916
17:00	0.37	24.6	24	24	22	23	2.01	10	1.02	5 932	5 912	5 949	5 913
17:30	0.37	26.2	23	25	23	24	2.0	9	1.03	5 926	5 905	5 949	5 905
18:00	0.37	24.1	24	24	23.5	25	1.99	8	1.04	5 917	5 899	5 943	5 891
18:30	0.37	27.5	25	26	23.5	25	1.98	7	1.05	5 922	5 882	5 928	5 888
19:00	0.37	24.2	25	24	24	25	1.97	5	1.06	5 912	5 881	5 926	5 887
19:30	0.38	26.3	25	26	24.5	24.5	1.96	4	1.06	5 911	5 878	5 925	5 887
20:00	0.37	27.7	25	26	24	24	1.94	2	1.07	5 908	5 878	5 916	5 887
20:30	0.37	25.3	24	24	24	24.5	1.94	1	1.07	5 908	5 875	5 916	5 879

审核：魏伟　　　　测试：徐川江　　　　记录：孙宇

附录C　皂河站站身剖面图

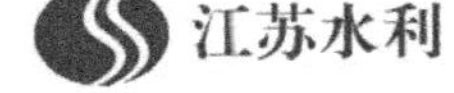

江苏水利

皂河抽水站站身剖面图

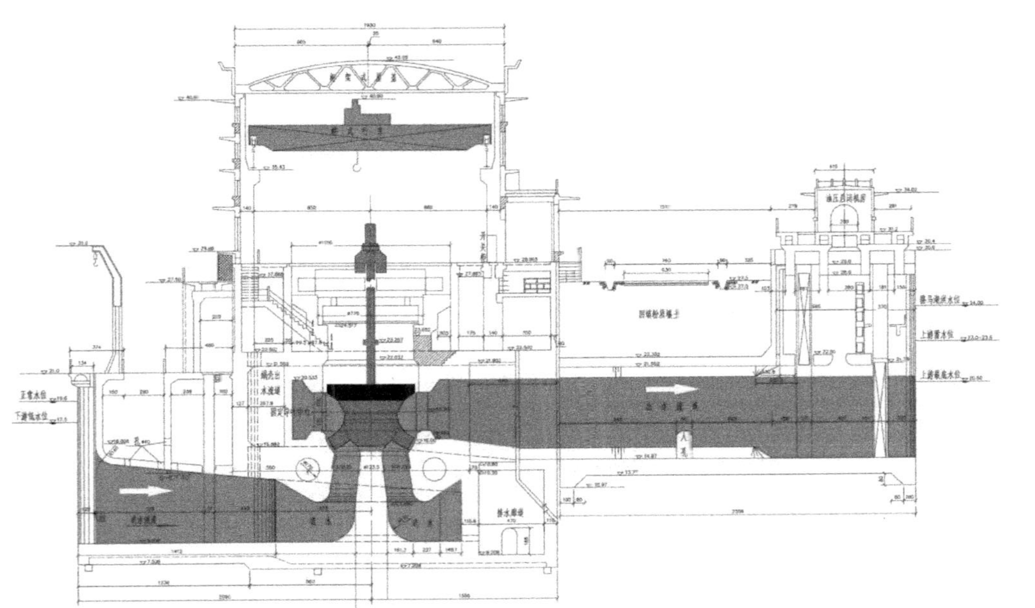

江苏省骆运水利工程管理处—皂河抽水站

附录D 皂河站机组总装配图

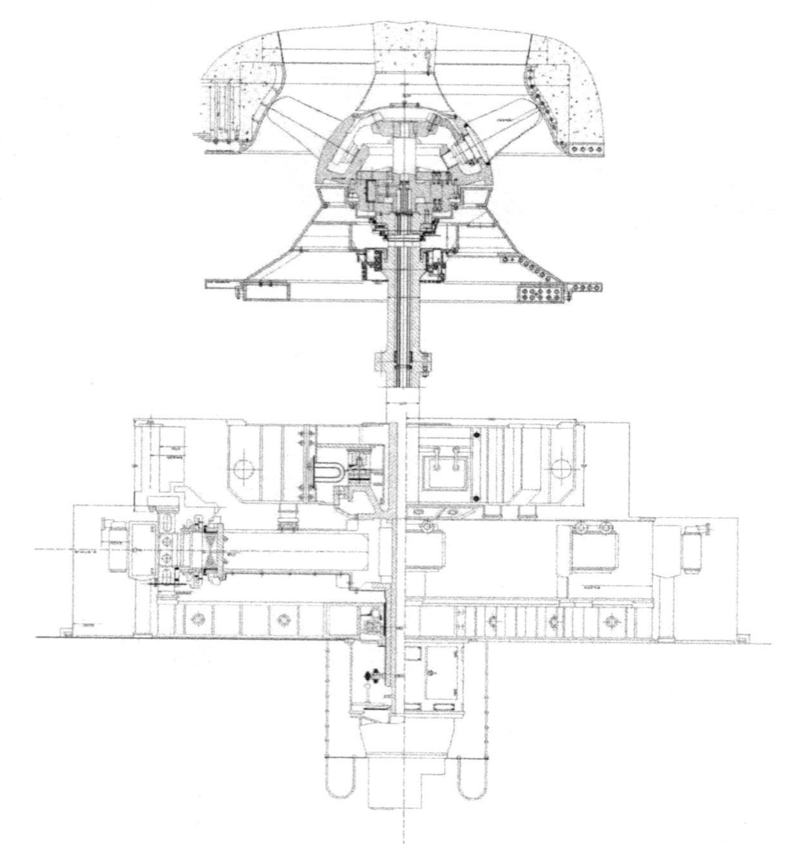